市政工程施工标准化指导手册

U0210747

市政管道工程施工标准化指导手册

Standardized Instruction Manual for Construction of Municipal Pipeline Engineering

陕西华山路桥集团有限公司 编著
荣学文

中国建筑工业出版社

图书在版编目（CIP）数据

市政管道工程施工标准化指导手册 / 荣学文编著 . — 北京：
中国建筑工业出版社，2020.6
（市政工程施工标准化指导手册）
ISBN 978-7-112-25040-0

Ⅰ.①市… Ⅱ.①荣… Ⅲ.①市政工程 — 管道工程 — 工
程施工 — 标准化 — 手册 Ⅳ.① TU990.3-62

中国版本图书馆 CIP 数据核字（2020）第 067549 号

责任编辑：李玲洁 田启铭
责任校对：焦 乐

市政工程施工标准化指导手册
市政管道工程施工标准化指导手册
Standardized Instruction Manual for Construction of Municipal Pipeline Engineering
陕西华山路桥集团有限公司
荣学文 编著

*

中国建筑工业出版社出版、发行（北京海淀三里河路9号）
各地新华书店、建筑书店经销
北京点击世代文化传媒有限公司制版
临西县阅读时光印刷有限公司印刷

*

开本：850×1168毫米 1/32 印张：4 字数：113千字
2020年6月第一版 2020年6月第一次印刷
定价：58.00 元
ISBN 978-7-112-25040-0
（35795）

编 委 会

编著审核组

主　审：杨永锋

成　员：方晓明　刘军涛　王建涛　张　华

编写组

主　编：荣学文

参编人员：王陕郡　李向宁　商博明　党　涛　党云峰

　　　　　祁熙鹏　刘　哲　连　伟　杜洋洋　李海峰

　　　　　姬文渊　陈　达　张新华　王　浅　田　旺

　　　　　杜　磊　王　超　王佳乐　田江伟　李文杰

　　　　　钟田虎　王　平　彭　欣

前　言

　　为推行市政管道工程施工标准化、规范化，陕西华山路桥集团有限公司编著了《市政管道工程施工标准化指导手册》（以下简称"手册"）。在编制过程中，编写组进行了深入的调查研究和专题研讨，总结了在市政管道工程施工与质量验收方面的实践经验，参考了国内外相关规范，并以多种形式广泛征求了意见，经多次审核修订成书。

　　本手册主要由施工准备、沟槽、混凝土排水管道、化学管材排水管道、排水检查井与雨水口、顶管施工、给水管道和热力管道组成。

　　本手册遵循安全、适用、经济、绿色、美观的原则，规定了市政管道工程施工的基本要求和具体做法，力求安全可靠、合理适用、标准统一、技术先进，满足施工需求。

　　本手册由陕西华山路桥集团有限公司负责解释。读者在使用本手册过程中，请及时将意见和建议反馈给陕西华山路桥集团有限公司（地址：陕西省西安市未央区凤城二路 10 号天地时代广场 A 座 15层，邮箱：120912300@qq.com），以便今后修订时参考。

目　录

第1章 施工准备

1.1 施工条件调查

施工条件调查项目、内容、目的如表 1-1 所示。

施工条件调查表 表 1-1

调查项目	调查内容	调查目的
气温	1. 年平均、最高、最低、最冷、最热月平均温度。 2. 不大于 −3℃，0℃，5℃的天数与起止时间。 3. 季节的划分	1. 防暑降温。 2. 冬期施工。 3. 估计混凝土、灰浆强度增长
降雨	1. 雨季的起止时间。 2. 全年降雨量，最大日降雨量。 3. 暴雨雪日及雷击情况	1. 雨期施工。 2. 工地排水。 3. 防雷。 4. 施工排序和施工方法
地形	1. 工程地址及范围。 2. 工程地形图。 3. 控制桩与水准点的位置。 4. 管线法向及地形	1. 布置施工平面。 2. 施工测量。 3. 施工方案
工程地质	1. 地质剖面图、各层土的类别与厚度。 2. 最大冰冻深度。 3. 地下障碍物、防空洞、洞穴、古墓等	1. 沟槽及基础施工。 2. 障碍物清除计划。 3. 施工方法
地震	地震烈度大小	1. 对地基的影响。 2. 施工措施
地下水	1. 最高与最低地下水位及时间。 2. 周围地下水井开发情况。 3. 水量水质	1. 基础施工方案选择。 2. 降水施工设计。 3. 临时给水。 4. 抗浮的措施
地面水	1. 临近河湖的距离。 2. 洪水、平水与枯水期时间，其水位流量与航道深度	1. 临时给水。 2. 降水施工。 3. 过河施工措施

1.1.1 外业调查

1 施工场所自然条件调查。

2 道路、用水、用电等条件调查，主要内容包括：

1）道路等级、路面完好程度、允许最大载重量。

2）当地的运输能力、效率、运费、装卸费。

3）临时施工用水、接管地点、管径、管材、埋深、水量、水压、水质与供水可靠性。

4）施工排水（含雨水排放）的去向、距离、管坡、有无洪水影响等。

5）电源位置、引进可能性、允许供电容量、电压、导线截面、保障率、电费、接线地点、至工地距离、地形地物情况。

1.1.2 水文地质调查

1 施工前应对本地区的降水月份、降水量及地下水位变化情况调查清楚，选择合理的降低地下水位的方法。

2 对原有雨污水排水系统、雨水地面径流情况应作详细调查，并在施工组织设计中提出截留与疏流相结合的排水方案。

3 在水域附近施工时，必须了解洪水位线，了解当地风向、风速的季节性变化，以便确定防水围堰、围堰高程及围堰结构形式。

4 为防止附近水域、水坑、水渠、河流与基坑串流，应事先对水源、坑底、岸边地质状况与水深作详细调查，并应采取截留、抽降水位等可靠措施处理。

1.2 施工测量

1.2.1 一般规定

1 施工前应对所交桩进行复核测量，原测桩有遗失或变位时，应及时补桩校正，并应经相关单位认定。

2 临时水准点和管道轴线控制桩的设置应便于观测、不易被扰动且必须牢固，并应采取保护措施。

3 施工设置的临时水准点、轴线桩、高程桩，必须经过复核方可使用，并应经常核对。

4 既有管道、建（构）筑物与拟建工程衔接平面的位置和高程，开工前必须校测。

1.2.2 施工测量要点

1 开工前定线，应根据设计图纸提供的定线依据施放管道中心线和检查井位置，沿管内走向在中心线井位上测量原地面高程，并绘制纵向、横向地形剖面图，以此确定开槽深度、宽度。

2 测量管内沿线与其交叉、相碰，或位于影响范围内的地上、地下原有建筑物、各种管道、河渠、坑塘、道路等平面位置和各部位的高程，以便为制定处理措施提供可靠数据。

3 对于影响范围内无法迁移、但需采取措施保护的构筑物，应设观测点，设专人定期观测其动态，为及时采取措施提供依据。

4 管道工程控制桩主要包括：起点、终点、折点、井位中心点、变坡点等特征控制点。排水管道中线桩间距宜为 10m，给水等其他管道中心桩间距宜为 15~20m。

5 检查井平面位置放线：矩形井应以管道及垂直管道的井中心线为轴线进行放线；圆形井应以井底圆心为基准放线。

6 管道工程高程应以管内底高程作为施工控制基准，检查井应以井内底高程作为施工控制基准。管道控制点高程测量应采用复合水准测量。

7 下管前应复测槽底或支墩的位置和高程，应符合设计要求，并将结果通过书面交底交给班组，以便在安装管道时校正误差。

8 管道回填前应对管顶、检查井和高程进行复测。

1.3　施工排水

1.3.1　明排水

1 明沟排水要点

1）设计降水深度在基坑（槽）范围内不应小于基坑（槽）底面以下 0.5m（图 1-1）。

2）采取明沟排水施工时，排水沟宜布置在沟槽范围以外，其间距不宜大于 150m。

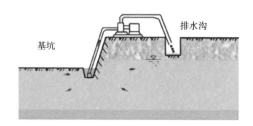

基坑　排水沟

图 1-1　放坡基坑明排水示意图

3）排水沟宜布置在拟建基础边 0.4m 以外，沟边缘离开边坡坡脚应不小于 0.3m，排水明沟的底面应比挖土面低 0.3 ~ 0.4m，坡度不宜小于 0.3%。

4）集水井直径或宽度，一般为 0.7 ~ 0.8m，集水井底低于排水沟 0.7 ~ 1.0m（图 1-2）。

2 分层明沟排水要点

1）适用于基坑（槽）深度较大，地下水位较高，且多层土中上部有透水性较强土的条件下（图 1-3）。

2）在基坑边坡上设置 2 ~ 3 层明沟及相应集水井，分层排除上部土壤中的地下水。

3）明沟及集水井的做法同单层明沟排水。

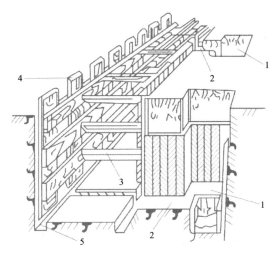

图 1-2　明沟排水系统图

1—集水井；2—进水口；3—横撑；4—竖撑板；5—排水沟

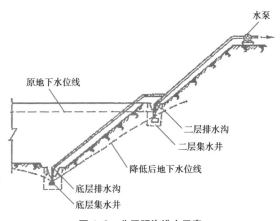

图 1-3　分层明沟排水示意

1.3.2　井点排水

1 适用范围

井点排水适用范围（表 1-2）。

井点排水适用范围　　　表1-2

排水降水方法		适用范围		
		土的渗透系数（m/d）	降低水位深度（m）	适合土质
轻型井点	一级轻型井点	0.1～5	3～6	砂土、粉土、含薄层粉砂的淤泥质（粉质）黏土
	多级轻型井点	0.1～80	6～12	
管井井点		＞0.02	不限	水位较高、水量较大的砂性土、粉土层

2 轻型井点施工要点

1）轻型井点成孔按土质条件和成孔深度确定，冲孔深度应超过滤管管底0.5m（图1-4）。

2）安装顺序：测量定位—敷设集水总管—冲孔—沉放井点管—填滤料—用弯联管将井点管与集水总管相连—安装抽水设备—试抽。

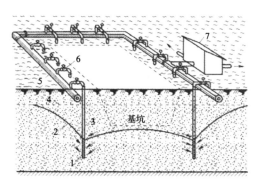

图1-4　轻型井点降低地下水位示意图
1—滤管；2—降低后地下水位；3—井点管；4—原地下水位；
5—集水总管；6—弯联管；7—水泵房

3）井点成孔应垂直，井点管滤头宜设置在透水性较好的土层中，必要时可采取扩大井点滤层等措施。

4）放坡开挖的基坑，井点管距坑边不小于1.0m，机房距坑边不小于 1.5m，井点间距一般为 0.8 ~ 1.6m。

5）井点降水设备的排水口应与坑边保持一定距离，防止排出水回渗，流入坑内。

6）拔除井管后的孔洞，应立即用砂土填实。对于穿过不透水层进入承压含水层的井管，拔除后应用黏土球填塞封死，杜绝井管位置发生管涌。

7）总管设置高程应尽可能接近地下水位，并沿抽水流向 2.5‰ ~ 5‰ 的上仰坡度。

8）滤管设置要点：滤水孔直径为 38 ~ 55mm，由长 1 ~ 2m 的镀锌钢管制成，管壁上呈梅花状钻 5.0mm 孔眼，间距为 30 ~ 40mm。滤网两层，内层滤网眼为 30 ~ 50 个 /cm^2，外层滤网眼为 3 ~ 10 个 /cm^2（图 1-5）。

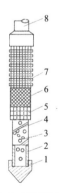

图 1-5 滤管构造图

1—铁头；2—钢管；3—管壁上的滤水孔；4—钢丝；5—细滤网；
6—粗滤网；7—粗钢丝保护网；8—井点臀

9）过滤层设置要点：滤料宜采用中粗砂填充密实、均匀，滤料上方宜采用黏土封堵至地面厚度大于 1m（图 1-6）。

10）抽水设备：可采用射流式抽水设备（图 1-7）或真空泵抽水设备，也可采用自引式抽水设备。抽水设备不低于原地下水位以上 0.5 ~ 0.8m。

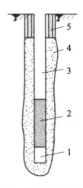

图 1-6 井点的过滤砂层

1—沉砂管；2—滤水臂；3—井点管；
4—滤料；5—黏土

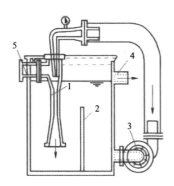

图 1-7 射流式抽水设备结构图

1—射流器；2—隔板；3—加压泵；
4—排水口；5—接口

11）井点布置方式

①单排线状井点：适用于沟槽宽度小于 6m，降水深度小于 6m，布置在地下水流的上游一侧（图 1-8）。

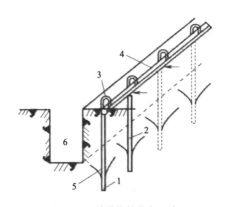

图 1-8 单排线状井点系统图

1—滤水管；2—井管；3—弯联管；4—总管；5—降水曲线；6—沟槽

②双排线状井点：当沟槽宽度大于 6m，或土质不良、渗透系数较大时，可采用双排线状井点（图 1-9）。

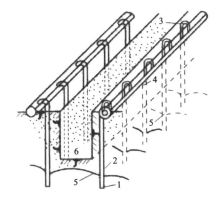

图 1-9　双排线状井点系统图

1—滤水管；2—井管；3—弯联管；4—总管；5—降水曲线；6—沟槽

③环形井点：基坑面积较大时，宜采用环形井点（图 1-10）。

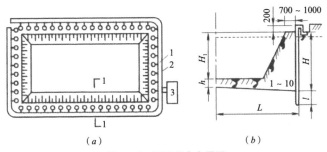

图 1-10　环形井点布置图

（a）平面布置；（b）1-1 断面

1—总管；2—井点管；3—抽水设备；H—井点管埋置深度；L—井点管中心至最不利点的水平距离；l—滤管长度；H_1—井点管埋设面至基坑底面的距离；h—降水后地下水位至基坑底面的距离

12）井点高程布置：井点露出地面高度一般取 0.2～0.3m（图 1-11）。

13）多级井点：布置平台宽度一般为 1.0～1.5m（图 1-12）。

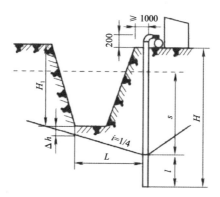

图 1-11　井点高程布置图

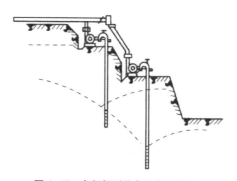

图 1-12　多级轻型井点降水示意图

3 管井施工要点

1）孔位附近不得大量抽水。应取土样，核对含水层的范围和土的颗粒组成（图 1-13）。

2）井管沉放前应清孔，疏干含水层，应设置倒滤管，在周围填砂料后，应按规定及时洗井和单井试抽。

3）滤管与孔壁之间的填充滤料宜选用磨圆度好的硬质岩石成分的圆砾。

4）降水深度应深于开挖面 0.5 ~ 1.0m 以下。

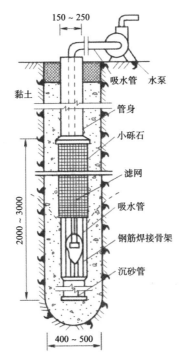

图1-13 管井结构示意图（单位：mm）

第2章 沟槽

2.1 沟槽开挖

1 严格按照施工方案进行开挖施工，并满足危大工程相关安全管理规定（图2-1）。

图2-1 沟槽开挖放线图

2 机械开挖槽底预留200～300mm土层，由人工开挖至设计高程（图2-2）。

图2-2 机械开挖图

3 人工开挖超过 3m 应分层开挖，每层小于等于 2m。层间留台宽度：放坡开槽大于等于 1.0m，直槽大于等于 0.5m，安装井点设备大于等于 1.5m，岩石边坡大于等于 0.5m，土质边坡大于等于 1.0m。

4 管道沟槽与检查井基坑宜同时开挖。

5 在沟槽边坡稳固后，设置供施工人员上下、间隔不超过 50m 的安全梯（图 2-3）。

图 2-3 安全梯图

6 沟槽每侧临时堆土距沟槽边缘不小于 1m，且高度不应超过 1.5m。堆土应用防尘网进行覆盖，并满足当地政府治污减霾的要求（图 2-4）。

图 2-4 堆土及覆盖图

7 沟槽两侧应设置稳固的防护，防护高度不低于 1.2m。应设置安全警示标志，夜间应设置警示红灯（图 2-5）。

图 2-5　防护及警示标志图

2.2　沟槽支撑

2.2.1　木撑板支护

1 木撑板材料

1）撑板厚度大于等于 50mm，长度大于等于 4m。

2）横梁或纵梁宜为方木，其断面不小于 150mm × 150mm（图 2-6）。

图 2-6　木撑板材料图

3）横撑宜为圆木，其梢径大于等于 100mm。

4）材料应坚实，撑木不得有劈裂或腐烂情况。

2 施工要点

1）横梁或纵梁大于等于 2 根横撑，横撑的水平间距宜为 1.5 ~ 2.0m，横撑的垂直间距小于等于 1.5m（图 2-7）。

图 2-7 木撑板间距图

2）在软土或其他不稳定土层地区，采用横排撑板支撑时，开始支撑的沟槽开挖深度不得超过 1.0m，开挖与支撑交替进行，交替深度宜为 0.4～0.8m。

3）撑板应紧贴坡面，横撑应水平，且与撑板连接牢固。支撑应经常检查，不得有弯曲、松动、位移、劈裂等现象。

2.2.2 钢板桩支撑

1 钢板桩支撑规格尺寸经计算确定，可选用 A300、A500、A609等类型（图 2-8）。

图 2-8 钢板桩图

2 根据施工经验，宜采用双动汽锤、柴油打桩锤打设钢板桩。

3 将钢板桩吊至插桩点处进行插桩，在插打时必须备有导向设备，以保证钢板桩的正确位置（图 2-9）。

图 2-9　钢板桩插打施工图

4 钢板桩锁口处应用止水材料捻缝，以防漏水。

5 接长的钢板桩，相邻两钢板桩的接头位置应上下错开。

6 单桩逐根连续插打桩顶高程不宜相差过大。

7 插打过程中，随时测量并监控每块桩的倾斜度，不超过 2%，偏差过大时，应拔起重打。

8 土方开挖应分层分区连续施工，土方开挖至板顶以下 1m 处，围檩及支撑设置应在板桩顶以下 0.5m 处。

9 围檩与围护结构之间紧密接触，不得留有缝隙（图 2-10）。

图 2-10　钢板桩围檩图

10 支撑的水平间距和垂直间距应通过计算确定，管节长度为 2 ~ 2.5m 的钢筋混凝土承插管其水平间距小于等于 3m。

2.2.3 沟槽支撑拆除

1 多层沟槽支撑，待下层回填完成后再拆除其上层槽支撑。

2 设置排水沟的沟槽木撑板，从相邻排水井的分水线向两端延伸拆除。

3 一次拆除支撑有危险时，宜采取替换拆撑法拆除支撑。

4 钢板桩拔出时，回填应达到规定要求的高度。

5 钢板桩拔出后应及时回填桩孔。回填桩孔应采取措施填实，有地面沉降控制要求时，宜采取边拔桩边注浆等措施。

2.3 沟槽回填

2.3.1 一般要求

1 回填前，应检查管道有无损伤及变形，有损伤管道应修复或更换。

2 回填时，沟槽内杂物应清除干净，不得有积水。

3 压力管道水压试验前，除接口外，管道两侧及管顶以上回填高度不应小于 0.5m。水压试验合格后，应及时回填沟槽的其余部分。

4 回填材料应满足设计和《给水排水管道工程施工及验收规范》GB 50268—2008 的要求。

5 管道两侧和管顶以上 500mm 范围内的回填材料，应由沟槽两侧对称运入槽内。

6 严格控制每层回填土虚铺厚度（表 2-1）。

每层回填土虚铺厚度　　　　　表 2-1

压实机具	虚铺厚度（mm）
人工夯实	≤ 200
轻型压实设备	200 ~ 250
压路机	200 ~ 300

2.3.2　刚性管道沟槽回填

1 管道两侧和管顶以上 500mm 范围内胸腔夯实，应采用轻型压实机具，管道两侧压实面的高差不应超 300mm（图 2-11）。

图 2-11　刚性管道沟槽回填施工图

2 分段回填压实时，相邻段的接茬应呈台阶形，且不得漏夯（图 2-12）。

图 2-12　刚性管道台阶形接茬

2.3.3　柔性管道的沟槽回填

1 管基支承角应采用中粗砂填充密实。

2 管基到管顶以上 500mm 内用人工回填（图 2-13），管顶 500mm

以上，用机械从两侧同时夯实，每层回填高度小于等于 200mm。

图 2-13　人工回填施工图

3 管道位于车行道下，回填宜先用中、粗砂将管底腋角填充密实，再用中、粗砂分层回填到管顶以上 500mm（图 2-14）。

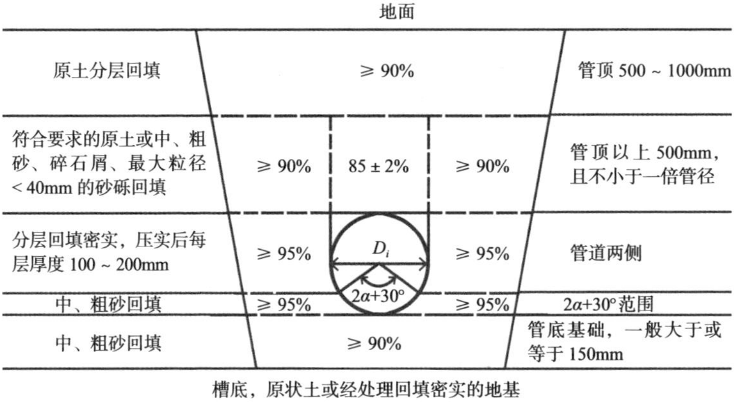

地面			
原土分层回填	≥ 90%		管顶 500 ~ 1000mm
符合要求的原土或中、粗砂、碎石屑、最大粒径 < 40mm 的砂砾回填	≥ 90% ┊ 85 ± 2% ┊ ≥ 90%		管顶以上 500mm，且不小于一倍管径
分层回填密实，压实后每层厚度 100 ~ 200mm	≥ 95%	≥ 95%	管道两侧
中、粗砂回填	≥ 95%	≥ 95%	2α+30°范围
中、粗砂回填	≥ 90%		管底基础，一般大于或等于 150mm

槽底，原状土或经处理回填密实的地基

图 2-14　柔性管道沟槽回填部位与压实度示意图

2.3.4　附属构筑物周围回填

1 井室周围的回填，应与管道沟槽同时回填。不便同时回填时，应留台阶形接槎（图 2-15）。

图 2-15　井室周围台阶形接槎图

2 回填压实时应沿井室中心对称进行，且不得漏夯（图 2-16）。

图 2-16　井室周围回填压实图

3 路面范围内的井室周围，宜采用石灰土、砂、砂砾等材料回填，其回填宽度不宜小于 400mm。

4 每层回填完成后必须经质检员检查、试验员检验认可后方可进行下一层回填工作。对于回填土伸入结构层范围，采用错台回填方法。严禁在槽壁取土回填（图 2-17）。

5 回填压实度应满足设计与《给水排水管道工程施工及验收规范》GB 50268—2008 的要求。

图 2-17 井周分层回填标线控制图

2.4 冬、雨期施工

2.4.1 冬期施工要点

1 沟槽回填冻土块体积不超过填土总体积的 15%。

2 低于管顶 0.5m 范围内不得用含有冻土块的回填土。

3 冬期土方回填应连续分层回填,每层填土厚度较夏季小,不大于 20cm。

4 冬期进行压力管道水压或闭水试验时,应采取防冻措施。试验后,管道内的水应排除干净。气温低于 5℃,不得进行水压试验。

5 冬期混凝土、砂浆施工时,应采取防冻措施。

2.4.2 雨季施工要点

1 应逐段完成,在沟槽地势高的一侧设挡水墙或排水沟。

2 现场道路应采取防滑措施。

3 边坡应缓或加设支撑。

4 横跨沟槽的便桥应加固,并钉防滑木条。

5 下雨时不得进行管道闭气试验。

第3章 混凝土排水管道

3.1 管道装卸

1 管子内、外表面应平整，表面应无粘皮、麻面、蜂窝、塌落、露筋、空鼓、裂缝。合缝处不应漏浆（图3-1）。

图3-1 管道外观质量图

2 采用兜身吊带或专用工具起吊管子（图3-2）。

（a） （b）

图3-2 专用吊管工具

（a）专用吊环；（b）专用吊带

3 装卸时应轻装、轻放，运输时应垫稳、绑牢，避免相互撞击，造成接口部位损伤（图3-3）。

4 用管时必须自上而下依次搬运。

图3-3 调运管子图

3.2 管道堆放

1 宜选择使用方便、平整、坚实的场地，尽量避免或减少二次搬运，且便于装卸，不妨碍交通。

2 成品管材应按不同管材品种、公称内径、工作压力、覆土深度分别堆放，不得混放（图3-4）。

图3-4 管子分类堆放图

3 应设置管材材料标识牌，注明规格、厂家、型号、检验记录等。

4 堆放必须垫稳，对存放每节管应固定，防止滚动（图3-5）。

图3-5　管子堆放防止滚动垫块图

5 成品管材允许的堆放层高可按照产品技术标准或生产厂家的要求。在采取适当措施的情况下，公称内径小于100mm的管材堆放层数可增加。

6 公称内径小于等于500mm，管子堆放层数不超过4层（图3-6）。

图3-6　管子堆放层数图

7 公称内径大于等于1400mm管子堆放时采用立放（图3-7）。

图 3-7 大管径管子立放图

3.3 地基处理

1 沟槽开挖至基底后，地基应由建设、勘察、设计、施工、监理等单位共同验收。对不符合设计要求的地基，由设计或勘察单位提出地基处理意见。

2 超挖深度不超过 150mm 时，可用原状土或换填土回填夯实，其压实度不应低于原地基土的密实度。超挖深度超过 200mm 时，应分层回填夯实。

3 排水不良造成地基土扰动时，扰动深度在 100mm 以内，宜填天然级配砂石或砂砾处理。扰动深度在 300mm 以内，宜填卵石或块石，再用砾石填充空隙并找平表面。

4 湿陷性黄土地基，应采取防止地表水下渗的措施，减轻或消除其湿陷性。

5 基底存在洞穴、软弱等特殊情况时，应采取加强处理措施。

6 设计要求换填时，应按要求清槽，并经检查合格，回填材料应符合设计要求或有关规定。

7 需要拌合的回填材料，应在运入槽内前，机械拌合均匀，不得在槽内拌合。

3.4 管道垫层

3.4.1 混凝土垫层

1 模板支设高度宜略高于混凝土的浇筑高度。

2 模板支设应接缝严密、牢固可靠（图3-8）。

图3-8 混凝土垫层模板支设图

3 管道垫层（图3-9）与检查井基础垫层宜同时浇筑。

4 混凝土浇筑后应进行养护，强度低于1.2MPa时不得承受荷载。

图3-9 混凝土垫层成型图

3.4.2 砂石垫层

1 软土地基宜铺垫一层厚度不小于 150mm 的砂砾或 5～40mm 粒径碎石，其表面再铺厚度不小于 50mm 的中、粗砂垫层。

2 柔性接口的刚性管道在一般土质地段可铺设砂垫层。

3 砂垫层的密实度应大于 90%（轻型击实法）。

3.5 管道安装

3.5.1 排管

1 根据施工现场条件，将管道在沟槽堆土的另一侧沿铺设方向排管。

2 管道与沟槽边缘的净距≥ 0.5m。

3 排管时均应扣除沿线检查井等构筑物所占长度，以确定管道实际用量。

3.5.2 人工下管

1 适用于管径小、重量轻、沟槽浅、施工现场不便于机械操作的情况。

2 下管前应对管材进行外观检查。

3 应用绳索缓慢均匀下管，严禁直接将管道滚入沟槽。

1）人工撬棍压绳法（图 3-10）：在沟槽上边土层打入两根撬棍，分别套住一根下管大绳，绳子一端用脚踩牢，用手拉住绳子的另一端，听从一人号令，徐徐放松绳子，直至将管子放至沟槽底部。

2）立管压绳下管法（图 3-11）：在距离沟边一定距离处垂直埋设一节管，埋深为管长的一半左右，将下管用两根大绳缠绕在立管上（一般绕一圈），绳子一端固定，另一端由人工操作，利用绳子与立管管壁之间的摩擦力控制下管速度，操作时注意两边放绳要均匀，防止管子倾斜。

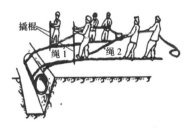

图 3-10　人工撬棍压绳下管法

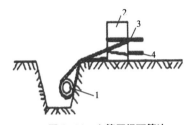

图 3-11　立管压绳下管法

1—管子；2—立管；3—放松绳；4—固定绳

3.5.3　机械下管

1 吊车支垫应平稳，距沟边距离大于 1m。

2 吊装时，管节不得与槽壁支撑及槽下的管道相互碰撞。

3 绑套管子应找好重心，平吊轻放。不得忽快忽慢和突然制动。吊装前，应进行试吊。

4 吊装时应有专人指挥，在起吊作业区内，任何人不得在吊钩或被吊起的重物下面通过或站立。

5 严禁采用非起重机械下管。

3.5.4　安装管道

1 安装放样，应放出沟槽中心线，使管道中心线与沟槽中心线在同一平面上（图 3-12）。

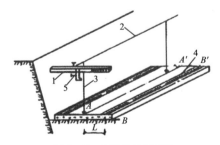

图 3-12　安装放样示意图

1—坡度板；2—中心线；3—中心垂线；4—管基础；5—高程钉

2 管道宜采用机械安装或接管机安装，小管径管道可采用人工倒链安装。

1）叉车安装施工（图 3-13）

图 3-13　叉车安装管子施工图

2）人工倒链安装施工（图 3-14）

图 3-14　人工倒链安装施工图

3）接管机安装施工（图 3-15）

图 3-15　接管机安装施工图

3 管道对中

1）中心线法

在中心线上挂一垂球，在管内放置一块带有中心刻度的水平尺，当垂球线穿过水平尺的中心刻度时，则管子已经对中（图 3-16）。

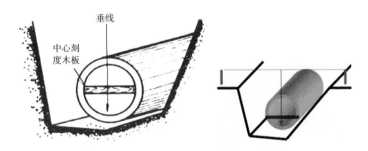

图 3-16　管道对中中心线法示意图

2）边线法

在管子同一侧，钉一排边桩，其高度接近管道中心处，在边桩上钉小钉子，其位置距中心垂线保持同一常数值。将边桩上的小钉挂上边线，即边线与中心垂线相距同一距离的平行线。使管外皮与边线保持同一距离，则表示管道中心处于设计轴线位置（图 3-17）。

4 对高程

根据相邻井段的坡度，采用水准仪进行管内高程控制，确保相邻管道坡度顺直（图 3-18）。

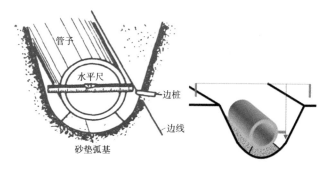

图 3-17 管道对中边线法示意图

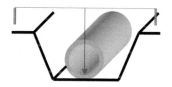

图 3-18 管子对高程施工图

3.5.5 垫块

1 垫块尺寸：允许偏差为 0 ~ 10mm，如管径过大可将垫块从中间分为 2 段预制（图 3-19）。

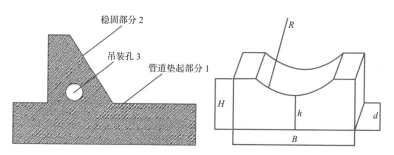

图 3-19 垫块尺寸图

R—满足管径要求，保证管节不晃动；*H*—满足下管稳定；*h*—与平基厚度相同；*d*—满足地基承载力要求保证安管后不下沉；*B*—与管基宽度相同，混凝土强度与垫层设计强度相同

2 每根管垫块个数：一般为 2 个。

3 垫块距离管口的距离约 30cm。

3.5.6　垫块法安管

1 若采用套管式接口，则在稳管前将套环放入管身一端，再进行稳管（图 3-20）。

2 稳管与安管时，用石子垫牢，管子两侧应立保险杠，防止管节从垫块滚下伤人。

3 安管对口间隙：管径 700mm 以上按 10mm。

4 钢丝网水泥砂浆抹带接口插入基础 15cm，配合浇筑勾好内缝。

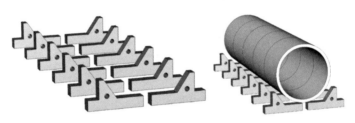

图 3-20　垫块法安装管子施工图

3.5.7　浇筑混凝土

1 模板清理干净，将垫块及管体表面用水淋湿。

2 先从一侧灌注混凝土，振捣混凝土从管下部涌向另一侧，对侧混凝土高过管底，并与灌注侧混凝土高度相同时，两侧再同时浇筑，并保持两侧混凝土高度一致。

3 采用钢丝网水泥砂浆抹带时，及时插入管道部位的钢丝网。

4 及时覆盖并洒水养护，避免出现干缩裂缝。

3.5.8　柔性接口

1 橡胶圈外观应光滑平整，不得有裂缝、破损、气孔、重皮等缺陷。

2 每个橡胶圈的接头不得超过 2 个。

3 承口内、插口外应清洗干净。

4 套在插口上橡胶圈应平直、无扭曲，正确就位。

5 橡胶圈和承口工作面应涂刷无腐蚀性的润滑剂。

6 安装后放松外力，管节回弹不得大于 10mm。

3.5.9　承插管橡胶圈接口

管道承插接口的填料可采用水泥砂浆或沥青胶泥。承口下部 2/3 以上应抹足座灰（砂浆），接口缝隙内砂浆应嵌实，并按设计标准分两次抹浆，最后收水抹光并及时进行湿润养护（图 3-21）。

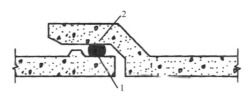

图 3-21　承插管橡胶圈接口示意图

1—橡胶圈；2—管壁

3.5.10　企口管橡胶圈接口

1 橡胶圈表面均匀涂刷中性润滑剂，合拢时两侧应同步拉动。

2 接口间隙环缝要均匀，填料要密实、饱满、平整，填料凹入承口边缘不得大于 5mm（图 3-22）。

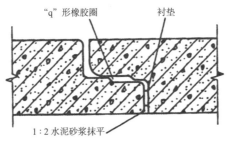

图 3-22　企口管橡胶圈接口示意图

3.5.11　水泥砂浆抹带接口

1 在平口管道接口处应用砂浆堵塞缝隙并抹成带状。

2 水泥等级不低于 32.5，砂子过 2mm 孔径的筛子且含泥量不得大于 2%。

3 水泥砂浆配比按设计规定，设计无规定时，可采用水泥：砂子 =1：2.5（重量比），水灰比一般不大于 0.5。

4 先将管口刷干净，并刷水泥素浆一道，保持湿润。

5 灌注管座后，随即抹带。如不能及时抹带时，管座和管口应凿毛、洗净（图 3-23）。

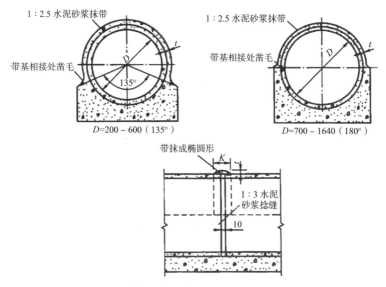

图 3-23　水泥砂浆抹带接口结构图

6 第一层表面可划成线槽，使表面粗糙，应注意找正，使管缝居中，厚度约为带厚的 1/3，并分层压实使之与管壁粘结牢固，管径 400mm 以内，抹带可一层成活（图 3-24）。

7 抹好后立即覆盖养护。管径大于 700mm 时，用水泥砂浆勾管内缝。管径小于 600mm 时，可用麻袋球或其他工具在管内来回拖动，以便将漏进管内的灰浆挤入管缝。不得在管缝填塞碎石、碎砖、木片或纸屑等（图 3-25）。

图 3-24　水泥砂浆抹带接口施工图　　图 3-25　水泥砂浆抹带接口养生图

3.5.12　钢丝网水泥砂浆抹带接口

1 材料要求：砂洁净，粒径 0.5 ~ 1.5mm，含泥量小于 3%，钢丝网格 10mm × 10mm，丝径为 20 号钢丝网（图 3-26）。

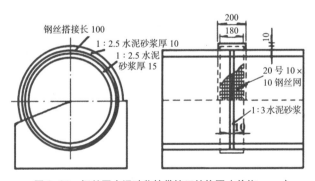

图 3-26　钢丝网水泥砂浆抹带接口结构图（单位：mm）

2 抹带前将管口外壁凿毛、洗净，先抹 1∶2.5 的水泥砂浆且厚度为 15mm，再铺放钢丝网宽 180mm，搭接长度为 100mm，插入基础深为 150mm。待水泥砂浆初凝后，再抹 1∶2.5 的水泥砂浆厚 10mm，初凝后赶光压实。

3 抹带完成后应立即用吸水性强的材料覆盖，3～4h 后洒水养护。

4 管径大于或等于 700mm 时，应采用水泥砂浆将管道内接口部位抹平、压光，管径小于 700mm 时，填缝后应立即拖平。

3.6　管座施工

1 平口管节接口应预先用水泥砂浆把钢丝网埋设好。

2 管座模板支设应接缝严密、支撑牢固，高度略高于混凝土浇筑高度。

3 浇筑时应两侧同时进行，以防将管子挤偏（图 3-27）。

4 浇筑管座混凝土时，管座两侧混凝土下料均匀后再振捣（图 3-28）。

5 浇筑管座应留置试块：每工作台班或每段长度不大于 100m，不少于一组试块。

图 3-27　浇筑混凝土施工图　　　　图 3-28　管座混凝土成型施工图

3.7　闭水试验

3.7.1　试验准备

1 管道及检查井外观质量已验收合格。

2 管道未回填土且沟槽内无积水。

3 全部预留孔应封堵，不得渗水。

4 管道两端堵板承载力经核算应大于水压力的合力，除预留进出水管外，应封堵坚固，不得渗水（图 3-29）。

图 3-29　闭水试验图

3.7.2　试验段划分原则

1 试验管段应按井距分隔，抽样选取，带井试验（图 3-30）。

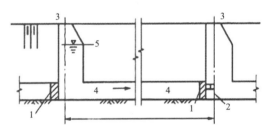

图 3-30　闭水试验试验段划分图

1—砖堵（或用橡胶气囊封堵）；2—上游检查井；3—地面；4—试验管段；5—试验水头

2 管道内径大于 700mm 时，可按管道井段数量抽样选取 1/3 进行试验。

3 试验不合格时，抽样井段数量应在原抽样基础上加倍进行试验。

4 污水、雨污水合流管道及湿陷土、膨胀土、流砂地区雨水管道，必须经严密性试验合格后方可投入运行。

3.7.3　试验要点

1 封堵管道两端，且预留进水孔、排水孔。

2 试验段管道加水浸泡 24h，且管外壁均不得有渗水、漏水现象。

3 试验中应不断地向试验段管内补水，保持试验水头恒定。

4 渗水量观测不小于 30min，渗水量不得超过允许值。

5 打开出水孔阀门排水，拆除堵头等试验装置，试验结束（图 3-31）。

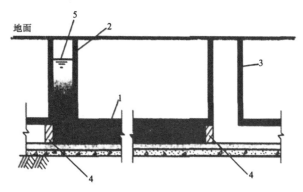

图 3-31　闭水试验要点图

1—试验管段；2—上游检查井；3—下游检查井；4—砖堵（或用橡胶气囊封堵）；5—试验水头

第4章 化学管材排水管道

4.1 管道运输

1 应轻装轻放，垫稳、绑牢，不得相互撞击。

2 应采用柔韧的绳索、兜身吊带或专用工具。

3 采用钢丝绳或铁链时不得直接接触管节。

4 长途运输时，可采用套装方式装运，套装的管节间应设有衬垫材料，并应相对固定。短距离搬运时，不应在坚硬不平的地面或石子地面上滚动，以防损伤管道。

5 不得抛、摔、拖及受剧烈撞击和被锐物划伤。

4.2 管材堆放

1 堆放必须垫稳，防止滚动，堆放高度不应超过 2.0m，堆放附近应有消防设施（图 4-1）。

图 4-1 化学管材堆放图

2 堆放温度不超过 40℃，远离热源及带有腐蚀性试剂或溶剂，室外堆放不应长期暴晒，应加以遮盖。

3 应按种类、规格、等级分类堆放。堆放时每一层的下面应垫放枕木，枕木间距不应大于 1/2 管长。

4.3 管道安装

4.3.1 准备工作

1 管道应在地基、管基检验合格后安装。不满足设计要求的应按要求加固。

2 对管材及配件类型、规格、数量、质量进行检查验收，并按要求进行外观检查。

4.3.2 下管

1 将管节、管件摆放在便于起吊和运送的位置。

2 槽深小于 3m 或管径小于 400mm 时，可用非金属绳索人工溜管入槽。严禁用金属绳索勾住两端管口、串心吊装或将管材自槽边翻滚抛入槽中。

3 混合开槽或支撑开槽，宜从槽的一侧集中下管，在槽底将管材运至安装位置进行安装作业。

4 搬运时必须轻抬、轻放，严禁在地面拖拉、滚动或用铲车、叉车、拖拉机牵引等方法搬运管材。

4.4 电熔连接

1 管道检查。电熔连接前应对管材及管套类型、规格、数量进行验证，并进行外观检查。

2 管口清洁。电熔区域应保持干燥清洁，连接前应清除管道电熔区域内的水迹、泥土等杂物（图 4-2）。

图 4-2 管口清洁图

3 电热熔带连接。电热熔带上连接导线的一端应放在内圈，PE 棒从两侧分别插入，紧靠端头。应采用钢扣将热熔带与管子紧包，管壁、电热熔带及钢扣带应紧贴，钢扣带的边缘应与电热熔带的边缘对齐（图 4-3）。

图 4-3 电热熔带连接

4 热熔。打开热熔机。红灯亮时热熔过程完成。关掉电源，再一次用夹钳锁紧扣带至冷却（图 4-4）。

图 4-4　热熔施工图

5 冷却。夏季冷却 20min，冬季冷却 10min。待充分冷却后，方可拆除扣带。

6 清理与补胶。检查管口的连接情况，并清理干净热熔带两侧杂物，用热熔枪补胶（图 4-5）。

图 4-5　补胶施工图

4.5　热熔连接

1 对不同材质管件焊接应先做试验。

2 管道热熔区域应干燥清洁。

3 两个对接端面应切削平整、光洁，端面应与管道轴线垂直（图4-6）。

图 4-6　热熔连接器具图

4 在组对时，两个被连接件的管端应分别伸出夹具一定长度，以校正两个连接件使其在同一轴线上。当被连接的两个管件厚度不一致时，应按要求对较厚的管壁做削薄处理。

5 在连接过程中，应使材料自身温度与环境温度相接近，热熔连接的参数（加热时间、加热温度、加热电压、热熔压力和保压、冷却时间等）均应符合管材、管件生产厂的规定。在保压时间、冷却时间内不得移动连接件或在连接件上施加任何外力使之得以形成均匀的凸缘，以获得最佳的熔融质量。

6 热熔连接后，应对全部接头进行外观检查和不少于10%的翻边切除检验（图4-7）。

图 4-7　热熔连接施工图

7 加热板温度达到设定值后放入机架，施加压力，直到两边最小卷边达到规定宽度时压力减小到规定值，进行吸热。从加热结束到熔融对接开始这段时间为切换周期，切换周期越短越好。

8 熔融对接过程应始终保持熔融压力。

9 冷却应在一定的压力下进行。

4.6　承插连接

1 管材端面应与管轴线垂直。

2 承口内侧和插口外侧应保持清洁（图4-8）。

图4-8　清洁管口及连接区域图

3 安装前，应检查橡胶密封圈的规格、外观，应完好无损、有弹性，满足设计要求。

4 橡胶密封圈应安装在插口的一、二波峰之间的槽内。密封圈应理顺装平，若需安装两根密封圈时，可间隔一个波纹安放（图4-9）。

图4-9　安装橡胶圈施工图

5 橡胶密封圈表面及管材或管件的插口外表面应均匀涂抹专用润滑剂。禁止使用黄油或其他油类作润滑剂（图4-10）。

图4-10 涂抹润滑油施工图

6 安装。插口与水流方向一致，由低点向高点依次安装。

7 对于管径大于400mm的管材，可用绳索系住管材，用手动葫芦等工具安装。严禁用施工机械强行顶进管道（图4-11）。

图4-11 管道承插连接施工图

4.7 闭水试验

1 管道安装完毕，应进行管道密闭性检验，宜采用闭水检验法。

2 管道密闭性检验，应在管底与基础腋角部位用砂回填密实后进行，必要时可回填到被检验管段管顶以上一倍管径的高度（管道接口应外露）的条件下进行。

3 闭水检验时，应向管道内充水并保持上游管顶以上2m水头的压力，并进行外观检查，不得漏水。

第5章 排水检查井与雨水口

5.1 检查井与管道连接

1 排水管道接入检查井内，管口外缘与井内壁平齐，接入管径大于 300mm 时，砌筑结构井室，应砌砖圈加固（图 5-1）。

图 5-1 管道与检查井连接图

2 与混凝土管道、金属无压管道采用刚性连接。

3 与金属类管道连接，应预设套管，管道外壁与套管的间隙四周应均匀一致，其间隙宜采用柔性或半柔性材料填嵌密实（图 5-2）。

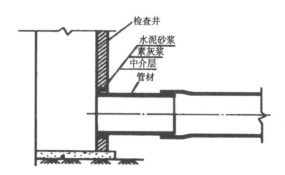

图 5-2 与金属管道连接示意图

4 砖砌检查井与管道连接，采用现浇混凝土包封连接，在浇筑混凝土前，将自膨胀橡胶密封圈套在插入井壁管端的中间部位，然后将现浇混凝土包封插入井壁的管端。混凝土包封的厚度不宜小于100mm，强度等级不得低于C20（图5-3）。

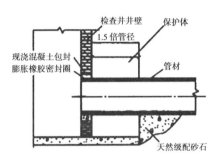

图 5-3 砌筑检查井与管道连接示意图

5 检查井预留孔与管道连接，井壁上的预留孔应比管径大200mm，预留孔周表面应凿毛处理。

6 柔性管道连接时，应将橡胶圈先套在管材插口指定的部位与管端一起插入套环内。用水泥砂浆填实插入管端与洞口之间的缝隙，水泥砂浆的配合比不得低于1∶2，砂浆内宜掺入微膨胀剂。砖砌井壁上的预留洞口应沿圆周砌筑砖拱圈。

7 检查井与管道连接低洼区域，在管道连接前，应填平夯实达到管道底部，不得悬空安装（图5-4）。

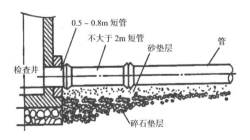

图 5-4 检查井与低洼区域管道连接示意图

5.2 砌筑检查井

1 砂浆应采用机械拌合，应随拌随用，在拌合后 3h 内应使用完毕。

2 井室中心线应与管道中心轴线保持一致。放样位置应满足设计及管道连接的要求（图 5-5）。

图 5-5 砌筑检查井图

3 应选用边角整齐、颜色均匀、规格一致的砖或砌块。砌筑时上下错缝，不得有竖向通缝、透明缝、瞎缝和假缝。水平缝和竖缝宽度，一般以 10±2mm 为控制标准。砌筑时应随时检验尺寸，对圆形检查井应用定形模具进行检查（图 5-6）。

图 5-6 定形模具检查图

4 砌筑时应同时安装预留支管，管与井壁衔接处应严密，预留支管管口宜采用砂浆砌筑封口抹平。

5 砌筑时应同时安装爬梯，安装应牢固，灰浆饱满，在砌筑砂浆未达到规定抗压强度前不得踩踏。爬梯位置应满足设计及规范要求，应避开管口位置。对于收口检查井，应设置在竖直端。井筒爬梯位置与井室盖板人孔应位于井壁一侧（图 5-7）。

图 5-7　爬梯安装施工图

6 流槽施工应满足设计及相关图集的要求。流槽宜与井壁同时砌筑。砌筑流槽应平顺、圆滑、光洁（图 5-8）。

图 5-8　流槽施工图

7 四面收口每层收进不应大于 30mm，偏心收口时每层收进不应大于 50mm（图 5-9）。

8 砌筑检查井内外面应用砂浆勾缝，有抹面要求时，宜用 1:2.5 防水水泥砂浆，厚度均匀，分层抹面压实（图 5-10）。

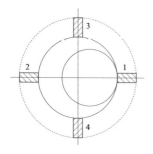

图 5-9　偏心收口检查井图

图 5-10　抹面图

9 当井筒埋深较大时，应先砌至与路床齐平。待基层施工完毕，再施工至设计高程。基层施工时，可采取套筒钢板盖对井筒防护，防止杂物落入井内（图 5-11）。

图 5-11　井筒施工图

10 盖板人孔位置应保持方向一致、排布整齐，不得影响路缘石、人行道、绿化带、灯杆等附属设施的安装。

11 道路施工时，应对盖板进行防护，不得污染（图 5-12）。

| (a) | (b) | (c) | (d) |

图 5-12　盖板施工图

(a) 制作模具；(b) 钢筋加工；(c) 浇筑混凝土；(d) 检验合格

12 行车道上的井室应用重型井盖，装配稳固。井圈与井身四周的加固混凝土宜一并浇筑、连成整体。应严格控制井圈安装（浇筑）标高，确保井圈顶与井框底的安装调节空隙小于 1cm。

空隙处应用铁制楔形塞固定、高标号砂浆填充。井盖安装完毕后48h 内不应碰撞。单侧开启的井盖，开口应与车行方向保持一致。井盖与道路纵横坡保持平顺（图 5-13）。

图 5-13　井盖图

13 可调式井盖井圈与调节环应埋置于井身四周的混凝土内，调节环与路面顶部标高的距离应在可调节范围内。安装限位井圈的高度应略高于沥青路面标高，确保井圈周边的沥青混凝土与道路高度一致（图 5-14 ~图 5-16）。

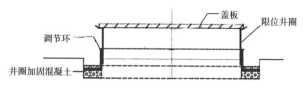

图 5-14　可调节式井盖井圈示意图

图 5-15　可调节井盖图　　图 5-16　调节环图

14 检查井应安装防坠网。防坠网应牢固可靠，具有一定的承重能力（大于等于 100kg），并具备较大的过水能力（图 5-17）。

图 5-17　防坠网图

5.3　预制检查井

1 施工顺序：预制基础—预制井身预留管道洞口—成型养护 7 ～ 14d—沟槽井位确定—井位基础整平—检查井吊装就位—两侧管道接入—接口密封处理—上浮板安装—井筒施工。

2 预制构件及配件经检验符合设计和安装要求（图 5-18）。

图 5-18 预制检查井井筒井盖图

3 预制构件装配位置和尺寸正确，安装牢固（图 5-19）。

图 5-19 预制检查井安装图

4 接缝处理：采用水泥砂浆接缝时，企口坐浆与竖缝灌浆应饱满，装配后的接缝砂浆凝结硬化期间应加强养护，并不得受外力碰撞或震动（图 5-20）。

图 5-20 预制检查井接缝施工图

5 管口连接：胶圈应安装稳固，止水严密可靠。底板与井室、井室与盖板之间的拼缝，水泥砂浆应填塞严密，抹角光滑平整（图 5-21）。

图 5-21 预制检查井管口连接图

5.4 现浇混凝土检查井

1 控制线应投放在底板混凝土上，在底板上弹线、布筋。钢筋应清除干净后使用。

2 预留插筋按照井室深度一次到位（图 5-22）。

图 5-22 现浇混凝土检查井施工图

3 宜用溜槽方式浇筑混凝土，采用插入式振捣器振捣密实，并将底板顶面压平。

4 浇筑时应观察模板、钢筋、预埋孔洞、预埋管和插筋有无移动、变形或堵塞情况。

5 混凝土浇筑应连续进行，浇筑墙体时应分层浇筑，并应在前层混凝土初凝之前，将次层混凝土浇筑完毕。

6 养护时间不少于 14d，混凝土在终凝前，对表面应进行 2 ~ 3 遍搓压处理，应覆盖保湿养护。

5.5　雨水收水口

5.5.1　施工基本要求

1 雨水口施工宜在基层施工之后进行，道路基层内的雨水支连管应用 C25 级混凝土全包封，且包封混凝土达到 75% 设计强度前，不得放行交通（图 5-23）。

图 5-23　雨水口图

2 管道端面在雨水口内露出长度不大于 20mm，管道端面应完整无破损。

3 雨水口深度不宜大于 1m，底部应用水泥砂浆抹出泛水底坡。

4 雨水口井圈表面高程应比该处道路路面低 30mm，立箅式雨水口立箅下沿高程应比该处道路路面低 50mm，路面及平石顺坡坡向雨水口（图 5-24）。

图 5-24 雨水口井圈比路面低

5 井框、井箅应完整无损，安装平稳牢固（图 5-25）。

图 5-25 雨水口井框井箅图

5.5.2 雨水口施工要点

1 雨水口位置、标高、基础承载力应满足设计要求。

2 砌筑应随砌随勾缝，勾缝应均匀宽度一致，不得带有灰刺灰丁、间断漏缝现象。灰浆应饱满，抹面压实。

3 砌砖雨水口四面井壁应相互垂直，不得偏斜扭曲。

4 严禁灰浆污染砖墙面，砌筑完成后应保持清洁，及时覆盖。

5 雨水口周边回填应密实，雨水口砌砖与周边预留间隙小于 300mm，可采用低标号混凝土浇筑密实（图 5-26）。

图 5-26　雨水口周边回填施工图

6 管道穿井壁处，应严密不漏水。

7 雨水口预制过梁安装时要求位置准确，顶面高程符合设计要求。安装牢固、平稳（图 5-27）。

图 5-27　预制雨水口安装图

第6章 顶管施工

6.1 基本要求

1 施工前应进行现场调查研究，并对建设单位提供的工程沿线有关工程地质、水文地质和周围环境情况，以及沿线地下与地上管线、周边建（构）筑物、障碍物及其他设施详细资料进行核实确认，必要时应进行坑探（图 6-1）。

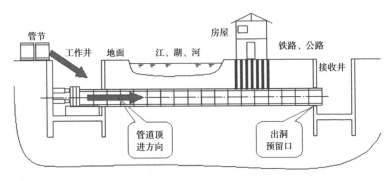

图 6-1 顶管施工示意图

2 施工前应编制施工方案，并组织专家进行论证。

3 采用敞口式（手掘式）顶管机时，应将地下水位降至管底以下不小于 0.5m 处，并应采取措施，防止其他水源进入顶管的管道。

4 控制地层变形或无降水时，宜采用封闭式土压平衡或泥水平衡顶管机施工。

5 小口径金属管道、无地层变形控制要求时，可用一次顶进挤密土层顶管法。

6.2　工作井

6.2.1　一般规定

1 工作井的尺寸应结合施工场地、施工管理、洞门拆除测量及垂直运输等要求确定。

2 工作井围护结构应根据工程水文地质条件、邻近建（构）筑物、地下与地上管线情况，以及结构受力、施工安全等要求，经技术经济比较后确定。

3 工作井及洞口周围土体应保持稳定，当土体不稳定时，应对土体进行改良。进出洞口施工前，应检查土体强度和渗漏水情况。

4 在地面井口周围应设置安全护栏、防汛墙和防雨设施。工作井内应设置便于上下的安全通道（图 6-2）。

图 6-2　上下安全通道

6.2.2　逆作法钢筋混凝土工作井施工要点

1 位于行车道下方的工作井首层开挖宜从路床顶以下开挖，减少道路施工时井壁的拆除量（图 6-3）。

2 应对称分层分块开挖，每层开挖高度不得大于设计高度。在软土或其他不稳定土层中，开始支撑的开挖深度不得超过 1m，随挖随支护（图 6-4）。

图6-3　工作井开挖

图6-4　逆作法土方开挖施工图

3 严格控制工作井开挖断面尺寸和高程，不得超挖，开挖到底应及时封底（图6-5、图6-6）。

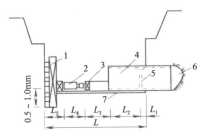

图6-5　工作井底长度计算

1—后背；2—千斤顶；3—顶铁；4—管子；5—内涨圈；6—掘进工作面；7—导轨
L—矩形工作坑的底部长度（m）；L_1—工具管长度（m）；L_2—管节长度（m）；
L_3—运土工作间长度（m）；L_4—千斤顶长度（m）；L_5—后背墙的厚度（m）

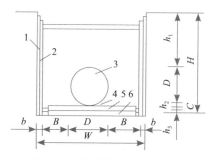

图6-6 工作井的底宽和高度计算

1—撑板；2—支撑立木；3—管子；4—导轨；5—基础；6—垫层

W—工作坑底宽（m）；D—顶进管节外径（m）；B—工作坑内稳好管节后两侧的工作空间（m）；b—支撑材料的厚度（m）；H—顶进坑地面至坑底的深度（m）；h_1—地面至管道顶部外缘的深度（m）；h_2—管道外缘底部至导轨地面的高度（m）；h_3—基础及其垫层的厚度（m）

4 上一节壁板施工时应预留下一节竖向钢筋，预留长度符合设计和规范要求（图6-7）。

图6-7 逆作法绑扎侧墙、底板钢筋施工图

5 模板支架宜采用整体式支撑架。井室尺寸较大时，可采用单面支撑模架（图6-8）。

6 浇筑护壁混凝土时，应在模板各方向均匀浇筑，防止模板受挤压偏移（图6-9）。

图6-8 整体式支撑架图

图6-9 逆作法浇筑混凝土施工图

7 封底前，井底应保证稳定和干燥，封闭集水坑时，应进行抗浮验算。

8 后背墙结构强度与刚度必须满足顶管最大顶力和设计要求，并应对后背墙土体进行允许抗力验算，验算不通过时，应对后背土体加固（图6-10）。

9 后背墙平面与掘进轴线应保持垂直，表面应平整。

10 装配式后背墙宜采用方木、型钢或钢板组装，底端宜在工作坑底以下且不小于500mm。组装构件应规格一致、紧贴固定。后背土体应与后背墙紧贴，有孔隙时应采用砂石料填塞密实。

11 利用已顶进完毕的管道作后背时，后背钢板与管口端面之间应衬垫缓冲材料，并应采取措施保护已顶入管道的接口不受损伤。

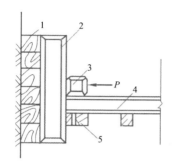

图6-10 后背墙图

1—方木；2—立铁；3—横轨；4—导轨；5—导轨方木

6.2.3 沉井施工要点

1 地下水位应控制在沉井基坑以下 0.5m。

2 基坑开挖应分层有序进行，保持平整和疏干状态。

3 制作沉井地基应具有足够承载力，地基承载力不能满足沉井制作阶段的荷载时，应按设计进行地基加固（图6-11）。

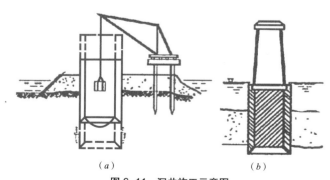

（a）　　　　　　　　（b）

图6-11 沉井施工示意图

（a）沉井下沉；（b）沉井基础

4 沉井混凝土应对称、均匀、水平连续分层浇筑，并应防止沉井偏斜（图6-12）。

图6-12　沉井施工图

5 沉井每次接高时各部位的轴线位置应一致、重合，及时做好沉降和位移监测。必要时应对刃脚地基承载力进行验算，并采取相应措施确保地基及结构的稳定（图6-13）。

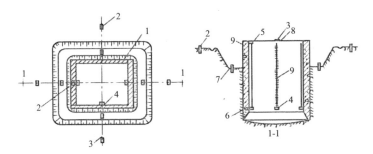

图6-13　沉井下沉测量控制方法图

1—沉井；2—中心线控制点；3—沉井中心线；4—钢标板；5—铁件；6—线坠；
7—下沉控制点；8—沉降观测点；9—壁外下沉标尺

6 沉井分层制作、分次下沉时，应及时检查沉井的沉降变化情况，严禁在接高施工过程中发生倾斜和突然下沉。

7 排水下沉沉井开挖顺序应根据地质条件、下沉阶段、下沉情况综合运用和灵活掌握，严禁超挖。

8 不排水下沉沉井，水中开挖、出土方式应根据井内水深、周围环境控制要求等因素选择（图6-14）。

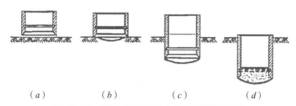

（a）　　　　（b）　　　　（c）　　　　（d）

图 6-14　不排水下沉沉井施工顺序示意图

（a）制作第一节沉井；（b）抽垫木、挖土下沉；（c）沉井接高下沉；（d）封底

9 沉井下沉应控制平稳、均衡、缓慢，如发生偏斜应通过调整开挖顺序和方式"随挖随纠、动中纠偏"。

10 沉井下沉应进行标高、轴线位移测量。如发生异常应加密测量。

6.3 顶管

6.3.1 一般规定

1 开始顶进前应检查下列内容，确认条件具备时方可开始顶进（图6-15）。

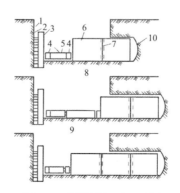

图 6-15　掘进顶管工程示意图

1—后座墙；2—后背；3—立铁；4—横铁；5—千斤顶；6—管子；
7—内胀圈；8—基础；9—导轨；10—掘进工作面

1）全部设备经过检查、试运转。

2）顶管机在导轨的中心线，坡度和高程应符合要求。

3）防止流动性土或地下水由洞口进入工作井的技术措施。

4）拆除洞口封门的准备措施。

2 计算施工顶力时，应综合考虑管节材质、顶进工作井后背墙结构的允许最大荷载、顶进设备能力、施工技术措施等因素。当施工最大顶力超过允许顶力时，应采取减少顶进阻力、增设中继间等施工技术措施（图 6-16）。

图 6-16   注浆减阻施工图

3 应根据土质条件、周围环境控制要求、顶进方法、各项顶进参数和监控数据、顶管机工作性能等，确定顶进、开挖、出土的作业顺序并调整顶进参数。

4 掘进过程应严格量测监控,确保掘进工作面土体稳定和土（泥水）压力平衡，并控制顶进速度、挖土量和出土量，减少土体扰动和地层变形。

5 在顶进过程中，应遵循"勤测量、勤纠偏、微纠偏"的原则，控制顶管的前进方向和姿态（图 6-17）。

6 管道顶进结束后，应采用水泥砂浆、粉煤灰类水泥砂浆等易于固结或稳定性较好的浆液对管外壁与土层间形成的空隙或对触变泥浆层进行置换、充填，减小地面沉降。

7 管道顶进结束后，管道内的管节接口间隙应按设计要求处理，当设计无要求时，可采用弹性密封膏密封（图 6-18）。

图 6-17　顶进轴线测量图　　　　图 6-18　密封膏封堵管道图

6.3.2　敞口式顶管施工要点

1 顶管接触或切入土层后，应自上而下分层开挖。顶管迎面超挖量应根据土质条件确定，宜小于 500mm（图 6-19）。

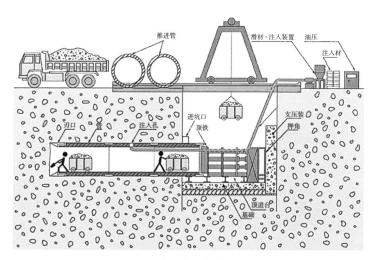

图 6-19　敞口式顶管施工原理图

2 在松软土层中顶进时，应采取管顶上部土壤加固或管前安装管檐或工具管，管径过大时，还应在工具管端安装钢格栅（图 6-20）。

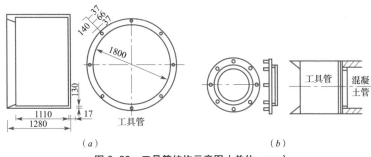

图 6-20　工具管结构示意图（单位：mm）

（a）截面图；（b）平面图

3 允许超挖的稳定土层中正常顶进时，管下部 135° 范围内不得超挖。管顶以上超挖量不得大于 15mm。管前超挖应根据具体情况确定，并制定安全保护措施（图 6-21）。

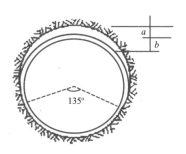

图 6-21　超挖示意图

a—最大超挖量；b—允许超挖范围

4 在对顶施工中，当两管端接近时，可在两端中心先掏小洞通视调整偏差量。

5 顶进工作井进入土层和进入接收工作井前 30m，每顶进 300mm，测量不少于一次。管道进入土层正常顶进时，每顶进 1000mm，顶管机位置测量每米不应少于 1 次。每顶入一节管，水平轴线及高程测量不少于 3 次。

6 首节管子顶进的方向和高程，应勤测量、勤检查，及时校正偏差（图 6-22、图 6-23）。

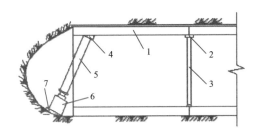

图 6-22　顶木纠偏法

1—管子；2—木楔；3—内胀圈；4—楔子；5—支柱；6—校正千斤顶；7—垫板

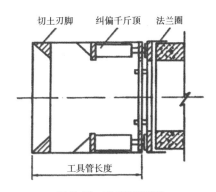

图 6-23　千斤顶纠偏法

7 当顶进作业停顿时间较长时，为防止开挖面的松动或坍塌，应对挖掘面及时采取正面支撑或全部封闭措施。

8 顶进施工时，顶铁周围及管前严禁站人。调运材料时，下方严禁站人（图 6-24）。

9 管前挖土人员应在管内操作,严禁在管外作业。管内土方应随挖随弃,保持管内通道畅通。

图 6-24　调运安装管道施工图

10 管道内应配置良好的通风、安全照明和通信设施。管内作业前应预先进行有毒有害气体检测,施工过程中应随时监控。管内作业人员不少于 2 人,严禁单人作业。发现异常,应停止施工,迅速撤离(图 6-25、图 6-26)。

图 6-25　有毒有害气体检测图

图 6-26　管内安全照明图

6.3.3　泥水平衡顶管施工要点

1 适用于流砂层、淤泥层等土层和坚硬的岩石层。湿陷性黄土层不宜采用(图 6-27)。

2 应保证顶进过程和出工作井时洞圈周围的土体稳定。周围土体含地下水时，可采取降水或注浆措施加固土体。

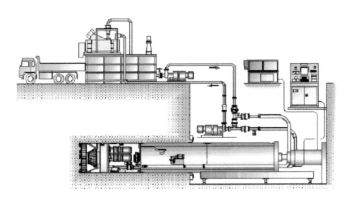

图 6-27 泥水平衡顶管施工示意图

3 拆除封门时，顶管机外壁与工作井洞圈之间应设置洞口止水装置，防止顶进施工时泥水渗入工作井（图 6-28）。

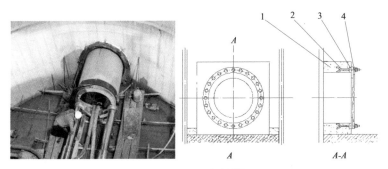

图 6-28 洞口止水圈图
1—前止水墙；2—预埋螺栓；3—橡胶止水圈；4—压板

4 顶进过程中应严格量测监控，确保掘进工作面土体稳定和泥水压力平衡，并控制顶进速度、挖土量和出土量，减少土体扰动和地形变形（图 6-29）。

图 6-29　泥水平衡顶管机

5 泥浆池应靠近工作坑边。注浆系统应尽量使用螺杆泵以减少脉动现象，浆液应搅拌均匀，系统应配置减压系统。

6 输送泥浆制备应符合下列规定：

1）根据土质情况、顶进长度、顶进管径制作并输送泥浆，通过泥浆添加剂的掺量调整泥浆的黏度和密度等。

2）在土质条件好、短距离顶进小口径顶管时，可用清水代替泥浆。

3）根据顶进土质变化情况随时调整泥浆配比、流量、流速、压力及相对密度。

4）泥水分离根据土的类别采用不同的方法，通常采用沉淀池、振动筛与旋流器结合的泥水分离器和离心式泥水分离器进行泥水分离（图 6-30、图 6-31）。

图 6-30　送水排泥泵

图 6-31　泥水分离器

7 管道初始顶进应符合下列规定：

1）顶进开始时，应控制主顶泵的供油量，待后背、顶铁、油缸各部位接触密合后，加大油量正常顶进。

2）顶进过程中若发现油路压力突然增高或降低，应停止供油，查明原因及时处理后，方可继续顶进。回镐时速度不得过快（图6-32）。

3）初始顶进时，应加大监测次数，当机头超过允许偏差时，必须采取纠偏措施。

图6-32 顶进油缸安装图

8 续接顶进应符合下列规定：

1）续接管完成后，重新接好管内进、排泥管、机头电缆，启动泥水系统的设备，使泥水先进行基坑循环，调节进、排泥压力，使之高于泥水舱压力0.02MPa后再进行泥水舱循环。每顶进1m测量一次，记录相关数据。将管顶到位，续接下一根管（图6-33）。

2）随着顶进管道里程的增加，泥水系统的输送阻力增大，使机头进泥流量、压力减小，此时应及时调整管路中的流量与压力，使泥水压力满足顶进要求。必要时应增加接力进、排泥泵。

3）顶进应连续进行，中途不宜停止作业。在顶进过程中遇到下列情况时，应查明原因，及时采取措施，处理后，可再继续顶进。

图 6-33　顶进施工图

①管位偏差过大或校正无效。

②地面沉降或隆起。

③顶力突然增大。

④后背倾斜或严重变形。

⑤顶铁扭曲变形。

⑥管口出现裂缝、破碎、漏浆。

⑦油泵、油路出现异常。

9 机头进洞应按照下列规定进行：

1）机头距接收井 40m 时，须进行已顶管线全线联测，机头距接收井 10m 时，安装接收井进洞止水装置、接收导轨。

2）机头进洞应保证通信畅通，操作可靠，顶进迅速。

3）机头进入洞区后，破除洞口封门，调节止水装置，启动排水系统。

4）将机头顶到接收井井内的接收导轨上（图 6-34）。

10 泥浆置换处理应采用水泥砂浆、粉煤灰类水泥砂浆等易于固结或稳定性较好的浆液对管外壁与土层间形成的空隙或触变泥浆层进行置换、充填，减小地面沉降。

图 6-34 顶进施工图

6.3.4 土压平衡顶管施工要点

1 机头出洞操作应符合下列规定（图 6-35）：

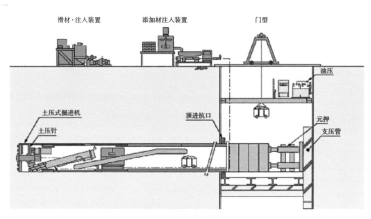

图 6-35 土压平衡顶管施工示意图

1）在止水钢套环法兰上安装橡胶止水环，一般用螺栓连接，螺栓采用 $\phi16 \sim \phi20\text{mm}$，间距 150mm，橡胶板厚度不宜小于 10mm，止水环的内径应小于管道外径。

2）联机试运转正常后，启动主顶油缸将机头慢慢推入洞口的小导轨上，直至刀盘与土体接触。

3）根据施工实际情况安装防转装置和止退装置。

4）启动主顶泵站电机，使主顶油缸活塞伸出，刀盘扭矩增大，根据刀盘扭矩的大小调整主顶泵站溢流阀，同时控制螺旋机出土量，使机头刀盘驱动电机的电流控制在额定范围内（图6-36）。

图6-36　土压平衡顶管机机头出洞示意图

2 管道顶进应符合下列规定：

1）通过调节顶管机推进速度或螺旋输送机排土速度控制土压力，以控制地表沉降为目的，土压力宜控制在 $P_0 \pm 20\text{kPa}$ 范围之内。

2）在顶进过程中，应根据土质情况和顶进效果进行刀盘转速和扭矩的控制和调整，正常顶进情况下刀盘应调至高转速、中低扭矩的状态工作，以获得较好的切削和土仓泥土搅拌效果。

3）刀盘的重新启动应采取一切可能的措施降低启动阻力，在确认不会对设备造成破坏或进一步加大顶进困难后，方可加大扭矩启动刀盘。

4）螺旋出土机的控制除应满足土压调节的需要外，还应保持排土的连续和畅通（图6-37）。

图6-37　土压平衡排土示意图

5）渣土排出量必须与掘进量相匹配，以获得稳定而合适的支撑压力值，使掘进机的工作处于最佳状态。当通过调节螺旋输送机的转速仍不能达到理想的出土状态时，可以通过改良渣土的塑流状态来调整。常用的改良材料可采用泡沫或膨润土泥浆。

3 土压平衡掘进要点

1）开挖渣土应充满土仓，渣土形成的土仓压力应与刀盘开挖面外的水土压力平衡，并应使排土量与开挖土量平衡。

2）应根据工程地质和水文地质条件、埋深、线路平面与坡度、地表环境、施工监测结果，设定刀盘转速、掘进速度和土仓压力等掘进参数。

3）掘进中应监测和记录设备运行情况、掘进参数变化和排出渣土状况，并及时分析反馈，调整掘进参数（图6-38）。

图6-38　土压平衡顶管顶进刀盘及系统示意图

6.3.5　长距离顶管施工

1 当一次顶进距离大于100m时，或当估算总顶力大于管节允许顶力设计值或工作井允许顶力设计值时，应采用中继间技术（图6-39）。

2 长距离顶管应采用激光定向等测量控制技术，在管内增设中间测站进行常规人工测量时，宜采用少设测站的长导线法，每次测量均应对中间测站进行复核（图6-40、图6-41）。

图 6-39　中继间图

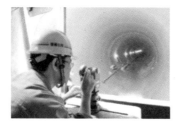
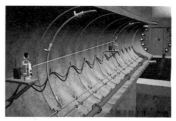

图 6-40　测量施工图　　　　图 6-41　自动测量导向系统图

　　3 利用中继间自伸缩功能，通过调整中继间位置，使中继间与检查井位置重合，达到中继间回收再利用（图 6-42）。

图 6-42　长距离顶管中继间示意图

　　4 应根据地质情况，选择相适应的顶管机刀盘。

　　5 遇到不良地质时，应编制专项施工方案，调整顶进速率、顶力等参数。

6 纠偏应采用小角度纠偏方式，应及时调整刀盘的旋转方向，消除小转角，调整机头纠偏油缸的伸缩量，做到"勤纠、缓纠、慢纠"。

7 曲线顶进时，应考虑轴向的顶力、轴线调整的需要，缩短第一个中继间与后续中继间的距离。曲线段管节应在每个接口的间隙位置预设间隙调整器，形成整体弯曲幅度导向管段（图 6-43、图 6-44）。

图 6-43　曲线管道间隙调节器　　图 6-44　曲线管道防脱拉杆图

8 随着顶进距离的增加，当管道内进水、出泥效率差时，可在进水管路中串联增压泵、在排泥管路中串联排泥泵接力（图 6-45、图 6-46）。

图 6-45　排泥管线　　　　　图 6-46　注浆及排泥管路

9 长距离顶管应配置通风设施，施工过程中应动态监控管内有害气体。管内照明应采用安全电压。

第7章 给水管道

7.1 球墨铸铁管道

7.1.1 管材

1 管节及管件表面不得有裂纹，不得有妨碍使用的凹凸不平的缺陷。

2 采用橡胶圈柔性接口时，工作面应修整光滑，不得有沟槽、凸脊等影响接口密封性的缺陷。

3 管节及管件下沟槽前，应清除承口内部的油污、飞刺、铸砂。

4 沿直线安装管道时，宜选用管径公差组合最小的管节组对连接，确保接口的环向间隙均匀（图 7-1）。

图 7-1 球墨铸铁管材图

7.1.2 安装施工注意要点

1 清理管道承口内侧、插口外部凹槽和橡胶圈（图 7-2）。

2 将橡胶圈套入插口上的凹槽内，保证橡胶圈在凹槽内受力均匀，没有扭曲、翻转、外漏等现象，沿圆周各点应与承口端面等距，其允许偏差应为 ±3mm（图 7-3、图 7-4）。

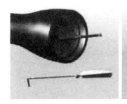

图 7-2　管口清理图

图 7-3　捏成
心形橡胶圈图

图 7-4　捏成
8 字形橡胶圈图

3 用配套的润滑剂涂擦在承口内侧和橡胶圈上。

4 安装滑入式橡胶圈接口时，推入深度应达到标记环，并复查与其相邻的、并已安装好的第 1～2 个接口推入深度（图 7-5）。

5 当遇到较大弯度时，根据实际情况采用单个弯节进行连接。两个弯节不能合并使用。

图 7-5　橡胶圈安装图

6 安装机械式柔性接口时，应使插口与承口法兰压盖的轴线重合，螺栓安装方向应一致，用扭矩扳手将其均匀对称地紧固。

7.2 钢管

7.2.1 管材

1 对首次采用的钢材、焊接材料、焊接方法或焊接工艺，必须在施焊前按设计要求和有关规定进行焊接试验，并应根据试验结果编制焊接工艺指导书。

2 管节的材料、规格、压力等级等应符合设计要求，管节表面应无疤痕、裂纹、严重锈蚀等缺陷。焊缝表面应光顺、均匀，焊道与母材应平缓过渡，焊缝无损检验合格（图7-6）。

图7-6 钢管图

7.2.2 钢管安装注意要点

1 管道安装前，管节应逐根测量、编号，宜选用管径相差最小的管节组对对接。

2 下管前应检查管节内外的防腐层，合格后方可下管。

3 管节组成管段下管时，管段的长度、吊距，应根据管径、壁厚、外防腐层材料的种类及下管方法确定。

4 弯管起弯点至接口的距离不得小于管径，且不得小于100mm。

5 焊缝宽度应焊出坡口边缘2～3mm，焊缝表面余高应小于等于

1 + 0.2 倍坡口边缘宽度，且不大于 4mm。焊缝咬边深度应小于等于 0.5mm，焊缝两侧咬边总长不得超过焊缝长度的 10％，且连续长不大于 100mm。焊缝错边应小于等于 0.2t，且不应大于 2mm，t 为壁厚（mm）（图 7-7）。

图 7-7 钢管焊缝图

6 钢管焊接

1）纵向焊缝应在管道中心垂线上半圆的 45°处。焊缝应错开，管径小于 600mm 时，间距不小于 100mm，管径大于等于 600mm 时，间距不小于 300mm。

2）有加固环的钢管，加固环的对焊焊缝应与管节纵向焊缝错开，其间距不应小于 100mm。加固环距管节的环向焊缝不应小于 50mm。

3）环向焊缝距支架净距离不应小于 100mm。

4）直管管段两相邻环向焊缝的间距不小于 200mm，并不小于管节的外径。

5）管道任何位置不得有十字形焊缝。

6）不得在干管的纵向、环向焊缝处开孔。

7）冬季焊接时，应根据环境温度进行预热处理，使焊口缓慢降温。

8）定位焊接采用点焊时，压力管道的取样数量应不小于焊缝量的 10％。不合格的焊缝应返修，返修次数不得超过 3 次（图 7-8）。

图 7-8　钢管焊接图

7 螺纹连接

管节切口断面应平整，偏差不得超过 1 扣，丝扣应光洁，不得有毛刺、乱扣、断扣，缺扣总长不得超过丝扣全长的 10%，接口紧固后宜露出 2～3 扣螺纹。

8 法兰连接

1）法兰应与管道保持同心，两法兰间应平行。

2）螺栓应使用相同规格，且安装方向应一致。

3）螺栓应对称紧固，紧固螺栓应露出螺母之外。

4）与法兰接口两侧相邻的第 1～2 个刚性接口或焊接接口，待法兰螺栓紧固后方可施工。

5）法兰接口埋入土中时，应采取防腐措施（图 7-9）。

图 7-9　法兰连接图

9 钢管防腐

1）水泥砂浆内防腐层

①管道内壁的浮锈、氧化皮、焊渣、油污等，应彻底清除干净。

②焊缝突起高度不得大于防腐层设计厚度的 1/3。

③在现场做管道的内防腐时，应在管道试验、土方回填验收合格，且管道变形基本稳定后进行。

④可采用机械喷涂、人工抹压、拖筒或离心预制法施工。

⑤管道端点或施工中断时，应预留搭茬。

⑥水泥砂浆抗压强度 ≥ 30MPa。

⑦采用人工抹压法施工时，应分层抹压。

⑧水泥砂浆内防腐层成形后，应立即将管道封堵，终凝后进行潮湿养护。普通硅酸盐水泥砂浆的养护时间不应少于 7d，矿渣硅酸盐水泥砂浆的养护时间不应少于 14d。通水前应继续封堵，保持湿润。

2）液体环氧涂料内防腐层

①宜用喷（抛）射除锈，除锈应不低于《涂装前钢材表面锈蚀等级和除锈等级》GB/T8923 规定 Sa2 级。

②内表面经喷（抛）射处理后，应用清洁、干燥、无油的压缩空气将管道内部砂粒、尘埃、锈粉等清除干净。

③管道内表面处理后，应在钢管两端 60 ~ 100mm 范围内涂刷可焊性防锈涂料，干膜厚度为 20 ~ 40μm（图 7-10）。

④涂料不宜加稀释剂。

图 7-10 液体环氧涂料内防腐层图

⑤涂料使用前应搅拌均匀。

⑥可采用空气喷涂或挤涂工艺。

⑦防腐层应平整、光滑、无流挂、无划痕等。涂敷应随时监测湿膜厚度。

⑧当环境相对湿度大于 85% 时，应对钢管除湿后方可作业。严禁在雨、雪、雾及风沙等条件下露天作业。

3）石油沥青涂料外防腐层

①人工除氧化皮、铁锈，达 St3 级。

②喷砂或化学除锈，应达 Sa2.5 级（图 7-11）。

图 7-11　钢管除锈图

③基面应干燥，除锈与涂底料的间隔时间不超过 8h。

④涂刷应均匀、饱满，涂层不得有凝块、起泡现象，底料厚度宜为 0.1 ~ 0.2mm，管两端 150 ~ 250mm 范围内不得涂刷。

⑤沥青涂料熬制温度宜在 230℃左右，最高温度不得超过 250℃，熬制时间宜控制在 4 ~ 5h（图 7-12）。

图 7-12　石油沥青涂料外防腐层图

⑥涂沥青后应立即缠绕玻璃布，玻璃布的压边宽度应为 20 ~ 30mm，接头搭接长度应为 100 ~ 150mm，各层搭接接头应相互错开，玻璃布的油浸透率应达到 95% 以上，不得出现大于 50mm × 50mm 的空白。

⑦管端或施工中断处应预留 150 ~ 250mm 的缓坡型搭茬。

⑧包扎聚氯乙烯膜保护层时，不得有褶皱、脱壳现象，压边宽度应为 20 ~ 30mm，搭接长度应为 100 ~ 150mm。

10 阀门安装

1）必须仔细检查阀门内腔和密封面等部位，严禁污物或砂粒附着现象。

2）安装阀门前，预留阀门驱动的必要空间，阀门必须垂直安装，不可倒装。

3）在安装时，阀瓣停在关闭的位置上，均匀地拧紧各个连接部位的螺栓，以免出现松动（图 7-13）。

图 7-13　阀门安装图

7.3　化学管道

7.3.1　电熔连接

1 测量。在管材上标出插入管件深度（图 7-14）。

2 清理。管材与管件焊接表面应清理干净，保持干燥、无油污状态（图 7-15）。

图 7-14　管道测量图　　　　　图 7-15　管道清理图

　　3 将管材焊接端插入接口至管件的标记深度，管件必须在无应力条件下与管材安装在一起（图 7-16）。

　　4 将焊机插头接入管件插孔，输入管件上标定的焊接时间和冷却时间（图 7-17）。

图 7-16　管道安装图　　　　　图 7-17　管道焊接与冷却图

　　5 准备工作就绪后，按确认键，焊机会再次显示焊接参数，完全确认后，再按启动键开始焊接，焊接结束后会自动报警，提示焊接程序结束（图 7-18）。

图 7-18　管道焊接图

7.3.2 热熔连接

1 检查、切管、清理接头部位，要求管件外径大于管件内径，以保证熔接后形成合适的凸缘。

2 加热。将管件外表面和管件内表面同时无旋转地插入熔接器的模头中（已预热到设定温度）加热数秒，加热温度为 260℃。

3 插接。管材管件加热到规定的时间后，迅速从熔接器的模头中拔出并撤去熔接器，快速找正方向，将管件套入管端至划线位置，套入过程中若发现歪斜应及时校正。校正可利用管材上所印的线条和管件两端面上呈十字形的四条刻线作为参考。

4 保压、冷却。不得移动管材或管件，完全冷却后才可进行下一个接头的连接操作。热熔连接应在当日温度较低或接近最低温度时进行。接头处应有沿管节圆周平滑对称的外翻边，内翻边应铲平（图 7-19）。

图 7-19　管道热熔连接图

7.3.3 承插连接

1 按所需长度切割管材，切割后的管材端面应与管材轴线垂直（图 7-20）。

2 去除切割端面的毛边和毛刺（图 7-21）。

3 使用专用倒角机，将管端倒入 15°～30°，坡口厚度为管材壁厚的 1/2～1/3（图 7-22）。

4 使用棉纱或干布清洁承口的内侧和插口的外侧，必要时可使用丙酮等清洁剂（图7-23）。

5 管材的插入长度为管件承口深度减去10mm，应在管材上作好标线（图7-24）。

6 检查并调整好橡胶密封圈（图7-25）。

7 用毛刷将润滑剂均匀地涂在橡胶密封圈表面（图7-26）。

8 用毛刷将润滑剂均匀地涂在管材或管件的插口外表面。禁止使用黄油或其他油类作为润滑剂（图7-27）。

9 将管材或管件的插口匀速、垂直地插入管件承口至标线处，可使用辅助器械（图7-28）。

图7-20　固定管件图　　　图7-21　切除管道边图　　　图7-22　管道倒角图

图7-23　管道清洁图　　　图7-24　管道测量图　　　图7-25　调整橡胶
　　　　　　　　　　　　　　　　　　　　　　　　　　　　　　密封圈图

图7-26　橡胶密封　　　图7-27　管道涂抹　　　图7-28　管材连接器图
圈涂抹润滑油图　　　　　润滑油图

7.4 给水检查井

7.4.1 井室与管道连接方式

1 混凝土类管道外壁与砌筑井壁洞圈之间为刚性连接时，水泥砂浆应坐浆饱满、密实。

2 井壁洞圈应预设套管，管道外壁与套管的间隙应均匀一致，宜采用柔性或半柔性材料填嵌密实。

3 化学建材管道宜用中介层法与井壁洞圈连接。

7.4.2 井室砌筑

1 砌筑砂浆拌合均匀、随用随拌。

2 圆井收口时每层收进小于等于 30mm，偏心收口时每层收进小于等于 50mm。

3 上下应错缝砌筑。

4 砌筑应同时安装踏步，砌筑砂浆未达到规定强度前不得踩踏。

5 内外井壁应采用水泥砂浆勾缝。

6 抹面应分层压实。

7 井底距承口下缘、井壁与承口或法兰盘外缘应留有安装作业空间（图 7-29）。

图 7-29 井室图

7.5 水压试验

1 管道工作压力大于等于 0.1MPa 时，应进行水压试验（图 7-30）。

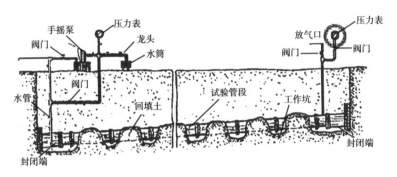

图 7-30 渗水量试验示意图

2 水压试验管段长度 ≤ 1.0km。

3 采用弹簧压力计时，精度不低于 1.5 级，最大量程宜为试验压力的 1.3 ~ 1.5 倍（图 7-31）。

图 7-31 压力表图

4 水压试验前，管道注满水的浸泡时间不小于 24h。

5 试验压力降至工作压力并保持恒压 30min，进行外观检查若无漏水现象，则水压试验合格。

7.6　冲洗消毒

7.6.1　冲洗

1 采用自来水冲洗，流速不小于 1.0m/s。

2 连续清洗，直至出水浊度、色度与入水相同为止。

3 冲洗应避开用水高峰，安排在用水量少、水压高的夜间进行。

4 冲洗时应保证排水管路畅通安全。

7.6.2　消毒

管道第二次冲洗应在第一次冲洗后，用有效氯离子含量不低于 20mg/L 的清洁水浸泡 24h 后，再用清洁水第二次冲洗直至水质经检测、管理部门取样化验合格为止。

第8章　热力管道

8.1　一般规定

1 三通、弯头、变径管等管路附件应采用机制管件。当需要现场制作时，应符合现行国家标准相关规定（图8-1、图8-2）。

图8-1　三通图

2 管道及管路附件安装前应按设计要求核对型号，并应检验合格。

3 管材表面应光滑，无氧化皮、过烧、疤痕等。不得有深度大于公称壁厚5%且长度大于0.8mm的结疤（图8-3）。

图8-2　弯头图

图8-3　管材图

4 可预组装的管路附件宜在管道安装前完成，并应检验合格。

5 管道安装前应将内部清理干净，安装完成后应及时封闭管口。

6 当施工间断时，管口应用堵板临时封闭。

7 应留有检修空间。

8 在有限空间内作业应制定作业方案，作业前必须进行气体检测，合格后方可进行现场作业。作业时的人数不得少于2人。

8.2　支架、吊架、支墩

8.2.1　支架、吊架

1 管道支架、吊架的安装应在管道安装、检验前完成。支架、吊架的位置应正确、平整、牢固，标高和坡度应满足设计要求，安装完成后应对安装调整进行记录。

2 管道支架支承面的标高可采用加设金属垫板的方式进行调整，垫板不得大于 2 层，垫板应与预埋铁件或钢结构进行焊接。

3 管道支架、吊架的制作应符合下列规定：

1）支架和吊架的形式、材质、外形尺寸、制作精度及焊接质量应符合设计要求。

2）滑动支架、导向支架的工作面应平整、光滑，不得有毛刺及焊渣等异物（图 8-4）。

图 8-4　管道支架图

3）组合式弹簧支架应具有合格证书，安装前应进行检查，并应符合下列规定：

①弹簧不得有裂纹、皱褶、分层、锈蚀等缺陷。

②弹簧两端支撑面应与弹簧轴线垂直，其允许偏差不得大于自由高度的 2%。

4）已预制完成并经检查合格的管道支架应按设计要求进行防腐处理，并应妥善保管。

5）焊制在钢管外表面的弧形板应采用模具压制成型，当采用同径钢管切割制作时，应采用模具进行整形，不得有焊缝。

4 管道支架、吊架的安装应符合下列规定：

1）支架、吊架安装位置应正确，标高和坡度应符合设计要求，安装应平整，埋设应牢固。

2）支架结构接触面应洁净、平整。

3）固定支架卡板和支架结构接触面应贴实（图 8-5）。

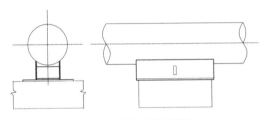

图 8-5 固定支架示意图

4）活动支架的偏移方向、偏移量及导向性能应符合设计要求（图 8-6、图 8-7）。

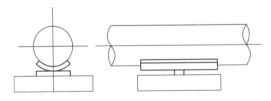

图 8-6 滑动支架示意图

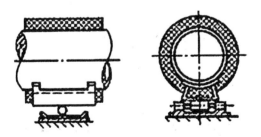

图 8-7 滚动支架示意图

5）弹簧支架、吊架安装高度应按设计要求进行调整。弹簧临时固定件应在管道安装、试压、保温完毕后拆除。

6）管道支架、吊架处不应有管道焊缝，导向支架、滑动支架和吊架不得有歪斜和卡涩现象。

7）支架、吊架应按设计要求焊接，焊缝不得有漏焊、缺焊、咬边或裂纹等缺陷。当管道与固定支架卡板等焊接时，不得损伤管道母材。

8）当管道支架采用螺栓紧固在型钢的斜面上时，应配置与翼板斜度相同的钢制斜垫片，找平并焊接牢固。

9）当使用临时性的支架、吊架时，应避开正式支架、吊架的位置，且不得影响正式支架、吊架的安装。临时性的支架、吊架应做出明显标识，并应在管道安装完毕后拆除。

10）有轴向型补偿器的管段，在补偿器安装前，管道和固定支架之间不得进行固定。

11）有角向型、横向型补偿器的管段应与管道同时进行安装及固定。

8.2.2 支墩

1 支墩施工需保证预埋滑板的平整度。

2 支墩的标高需用水准仪逐个检测，施工时使其达到设计要求，预制钢筋混凝土支墩可采用水泥砂浆找平（图8-8）。

3 在禁止通行的地沟中也可采用底板预埋钢板的形式作为滑动面。

图8-8 现浇钢筋混凝土支墩

8.3 补偿器

8.3.1 一般规定

1 安装前应按设计图纸核对每个补偿器的型号和安装位置，并应对补偿器外观进行检查、核对产品合格证。

2 补偿器应与管道保持同轴。安装操作时不得损伤补偿器，不得采用使补偿器变形的方法来调整管道的安装偏差。

3 补偿器应按设计要求进行预变位，预变位完成后应对预变位量进行记录。

4 补偿器安装完毕后应拆除固定装置，并应调整限位装置。

5 补偿器应进行防腐和保温措施，采用的防腐和保温材料不得腐蚀补偿器（图 8-9）。

图 8-9 补偿器图

8.3.2 补偿器安装要点

1 波纹管补偿器的安装应符合下列规定：

1）轴向型波纹管补偿器的流向标记应与管道介质流向一致。

2）角向型波纹管补偿器的销轴轴线应垂直于管道安装后形成的平面（图 8-10）。

图 8-10　波纹管补偿器图

2 套筒补偿器安装应符合下列规定：

1）采用成型填料圈密封的套筒补偿器，填料应符合产品要求（图 8-11）。

图 8-11　套筒补偿器图

2）采用非成型填料的补偿器，填注密封填料应按产品要求依次均匀注压。

3 球形补偿器的安装应符合设计要求，外伸部分应与管道坡度保持一致（图 8-12）。

图 8-12　球形补偿器图

4 方形补偿器的安装应符合下列规定：

1）当水平安装时，垂直臂应水平放置，平行臂应与管道坡度相同。

2）预变形应在补偿器两端均匀、对称地分布（图 8-13）。

图 8-13　方形补偿器图

5 在直埋补偿器安装过程中，补偿器固定端应锚固，活动端应能自由活动。

6 一次性补偿器的安装应符合下列规定：

1）一次性补偿器与管道连接前，应按预热位移量确定限位板位置并进行固定。

2）预热前，应将预热段内所有一次性补偿器上的固定装置拆除。

3）管道预热温度和变形量达到设计要求后方可进行一次性补偿器的焊接（图 8-14）。

图 8-14　管道补偿器图

7 自然补偿管段的预变位应符合下列规定：

1）预变位焊口位置应留在利于操作的地方，预变位长度应符合设计规定。

2）完成下列工作后方可进行预变位：

①预变位段两端的固定支架已安装完毕，并应达到设计强度。

②管段上的支架、吊架已安装完毕，管道与固定支架已固定连接。

③预变位焊口附近吊架的吊杆应预留位移余量。

④管段上的其他焊口已全部焊完并经检验合格。

⑤管段的倾斜方向及坡度符合设计规定。

⑥法兰、仪表、阀门等螺栓均已拧紧。

3）预变位焊口焊接完毕并经检验合格后，方可拆除预变位卡具。

4）管道预变位施工应进行记录。

8.4　法兰和阀门

8.4.1　法兰安装要点

1 法兰距支架或墙面的净距不应小于 200mm。

2 法兰连接端面应平行，法兰与法兰、法兰与管道间应同轴。不得采用加偏垫、多层垫或强力拧紧法兰一侧螺栓的方法消除法兰接口端面的偏差。

3 垫片应采用高压垫片，周边应整齐，尺寸应与法兰密封面相符。当垫片需要拼接时，应采用斜口拼接或迷宫形式的对接，不得采用直缝对接。

4 法兰连接应使用同一规格的螺栓，安装方向应一致。紧固螺栓应对称、均匀地进行，松紧应适度。紧固后丝扣外露长度应为 2～3 倍螺距，当需用垫圈调整时，每个螺栓应使用 1 个垫圈。不得采用先加垫片并拧紧法兰螺栓，再焊接法兰焊口的方法进行法兰安装（图 8-15）。

图 8-15　管道法兰连接图

5 法兰螺栓应涂二硫化钼油脂或石墨机油等防锈油脂进行保护。法兰内侧应进行封底焊。

8.4.2　阀门安装要点

1 安装前应清除阀口杂物，阀门吊装应平稳，不得用阀门手轮作为吊装的承重点，不得损坏阀门，已安装就位的阀门应防止重物撞击。

2 阀门的开关手轮应安装于便于操作的位置。

3 阀门应按标注方向进行安装。

4 当闸阀、截止阀水平安装时，阀杆应处于上半周范围内（图 8-16）。

5 阀门的焊接应符合规范规定。

6 当焊接安装时，焊机地线应搭在同侧焊口的钢管上，不得搭在阀体上。

图 8-16　阀门安装图

7 阀门焊接完成降至环境温度后方可操作。

8 焊接蝶阀的安装应符合下列规定：

1）阀板的轴应安装在水平方向上，轴与水平面的最大夹角不应大于60°，不得垂直安装。

2）安装焊接前应关闭阀板，并应采取保护措施（图8-17、图8-18）。

图8-17 蝶阀图

图8-18 球阀图

9 当焊接球阀水平安装时，应将阀门完全开启。当垂直管道安装且焊接阀体下方焊缝时，应将阀门关闭。焊接过程中应对阀体进行降温。

10 阀门安装完毕后应正常开启2～3次。

11 阀门不得作为管道末端的堵板使用，应在阀门后加堵板，热水管道应在阀门和堵板之间充满水。

8.4.3 电动调节阀的安装

1 电动调节阀安装之前应将管道内的污物和焊渣清除干净。

2 当电动调节阀安装在露天或高温场合时，应采取防水、降温措施。

3 当电动调节阀安装在有震源的地方时，应采取防震措施。

4 电动调节阀应按介质流向安装。

5 电动调节阀宜水平或垂直安装。当倾斜安装时，应对阀体采取支承措施。

6 电动调节阀安装好后，应对阀门进行清洗（图 8-19）。

图 8-19　电动调节阀图

8.5　管道安装

8.5.1　管沟及地上管道安装要点

1 管道安装前应清除封闭物及其他杂物，安装坡向、坡度应符合设计要求。管道应使用专用吊具平稳吊装，不得碰撞沟壁、沟底、支架等。

2 地上敷设管道应采取固定措施，管组长度应按空中就位和焊接的需要确定，宜大于等于 2 倍支架间距（图 8-20）。

图 8-20　地上热力管道图

3 管口对接

1）应按管道的中心线和管道坡度对接管口。

2）应在距接口两端各 200mm 处检查管道的平直度。

3）对接处应垫置牢固，焊口及保温接口不得置于建（构）筑物的墙壁中，焊口距支架和墙壁的距离应满足施工需要，在焊接过程中不得产生错位和变形（图 8-21）。

4 管道穿越建（构）筑物

1）管道穿越建（构）筑物的墙板处应安装套管，应在建（构）筑物砌筑或浇灌混凝土之前安装就位。

图 8-21 管道接口施工图

2）穿墙套管的两侧与墙面的距离应大于 20mm，穿楼板套管高出楼板面的距离应大于 50mm。

3）套管与管道之间的空隙应用柔性材料填充。

5 管道开孔焊接分支管道时，管内不得有残留物，且分支管伸进主管内长度不大于 2mm。

6 管道标识

1）管道和设备应标明名称、规格、型号，并应标明介质、流向等信息。

2）管沟应在检查室内标明下一个出口方向、距离。

3）检查室应在井盖下方的人孔壁上安装安全标识（图 8-22）。

图8-22 管道标识图

8.5.2 预制直埋管道安装要点

1 管道堆放时不得大于3层，且高度不得大于2m。不得直接拖拽，不得损坏外保护层、端口和端口的封闭端帽。施工过程中应采取防火措施。

2 管道安装坡度应符合设计要求。当管道安装过程中出现折角或管道折角大于设计值时，应与设计单位确认后再进行安装。

3 高密度聚乙烯外护管划痕深度不应大于外护管壁厚的10%，且不应大于1mm。钢制外护管防腐层的划痕深度不应大于防腐层厚度的20%。

4 保温层不得进水，进水后的直埋管和管件应修复后使用。应对保温材料裸露处进行密封处理（图8-23）。

图8-23 直埋管道吊装安装图

5 接头保温施工应在工作管强度试验合格、沟内无水、非雨天进行。接头保温层应与相接的直埋管保温层衔接紧密，不得有缝隙，其结构、保温材料的材质及厚度应与直埋管相同。

6 在预制直埋蒸汽管道安装过程中，焊接时应在钢外护管焊缝处以及保温材料层的外表面衬垫耐烧穿的保护材料，焊接后应拆除管端的保护支架。

7 预制直埋热水管的安装

1）管道在穿套管前应完成接头保温施工，在穿越套管时，不得损坏直埋热水管的保温层及外护管。

2）现场切割配管的长度不宜小于 2m，切割时应采取防止外护管开裂的措施。

3）在现场进行保温修补前，应对与其相连管道的管端泡沫进行密封隔离处理。

8 接头外护层安装完成后，必须全部进行气密性检验并应合格。

8.6 防腐

8.6.1 基本要求

1 防腐材料应符合设计和环保要求，应密封保存，在有效期内用完。当采用多种涂料配合使用时，搅拌应均匀，色调应一致，不得有漆皮等影响涂刷的杂物。

2 涂刷前应对钢材表面进行处理，应干燥无结露。

3 涂料说明书无要求时，涂刷环境温度宜为 5 ~ 40℃，相对湿度不大于 75%。在雨雪和大风天气中涂刷时，应进行遮挡。涂料未干燥前应免受雨淋。

4 应防止漆膜污染和受损。多层涂刷时，第一遍漆膜未干前不得涂刷第二遍漆。全部涂层完成后，漆膜未干燥固化前，不得进行下道工序。

5 对安装后无法涂刷或不易涂刷的部位，在安装前应预先涂刷。预留的未涂刷部位，应及时涂刷。涂层上的缺陷、不合格处以及损坏部位应及时修补。

6 防腐成品应保护，不得踩踏或当作支架使用。

8.6.2 涂料和玻璃纤维防腐层施工要点

1 底漆应涂刷均匀、完整，不得有空白、凝块和流痕。

2 玻璃纤维两面沾油应均匀，布面应无空白，且不得淌油和滴油。玻璃纤维重叠宽度应大于布宽的 1/2，压边量应为 10 ~ 15mm。

3 玻璃纤维与管壁应粘结牢固、无空隙，缠绕应紧密且无皱褶。防腐层表面应光滑，不得有气孔、针孔和裂纹。管件两端应预留 200 ~ 250mm 空白段（图 8-24）。

图 8-24 管道防腐层图

8.7 保温

8.7.1 基本要求

1 保温材料的品种、规格、性能等应符合设计和环保要求，产品应具有质量合格证明文件。

2 应从每批进场保温材料中，任选 1 ~ 2 组试样，进行导热系数、保温层密度、厚度和吸水率等测定。

3 预制直埋保温管、保温层应进行复检。保温管复检项目应包括抗剪切强度。保温层复检项目应包括：厚度、密度、压缩强度、吸水率、闭孔率、导热系数及外护管的密度、壁厚、断裂伸长率、拉伸强度、热稳定性（图 8-25、图 8-26）。

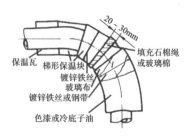

图 8-25 预制弯头保温结构图

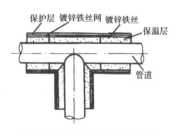

图 8-26 预制三通保温结构

4 保温材料不得雨淋、受潮。受潮的材料经过干燥处理后应进行检测，不合格时不得使用。

5 应在压力试验、防腐验收合格后进行保温施工。当钢管需预先保温时，应将环形焊缝等检查处留出，待各项检验合格后，方可对留出部位进行防腐、保温。

6 在雨雪天进行室外保温施工时应采取防水措施。当采用湿法保温时，施工温度低于5℃应采取防冻措施。

8.7.2 保温层施工要点

1 保温层厚度大于100mm时，应分层施工。

2 保温棉毡、垫的密实度应均匀，外形应规整（图8-27）。

图8-27 管道保温棉毡施工图

3 瓦块式保温制品的拼缝宽度不应大于5mm。聚氨酯瓦块应用同类材料将缝隙填满。其他硬质保温瓦块应涂抹3～5mm厚的石棉灰胶泥层，并应砌筑严密。保温层应错缝铺设，缝隙处应采用石棉灰胶泥填实。当使用两层以上的保温制品时，同层应错缝，里外层应压缝，其搭接长度不应小于50mm。每块瓦应使用两道镀锌钢丝或箍带扎紧，不得采用螺旋形捆扎方法（图8-28）。

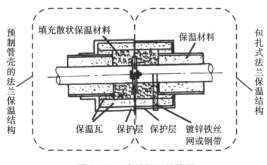

图 8-28　法兰保温结构图

4 纤维制品保温层应与被保温表面贴实，纵向接缝应位于下方 45°位置，接头处不得有间隙。双层保温结构的层间应盖缝，表面应保持平整，厚度应均匀，捆扎间距不应大于 200mm，并应适当紧固。

5 当设计无要求时，软质复合硅酸盐保温材料每层可涂抹 10mm，并应压实，待第一层达到一定强度后，再抹第二层并应压光。

6 保温结构不应妨碍支架的滑动、设备的正常运行、阀门、法兰的更换及维修。支架及管道设备等部位，应预留出一定间隙，应在法兰一侧留出螺栓长度加 25mm 的空隙。法兰应在完成冷紧或热紧后再保温（图 8-29）。

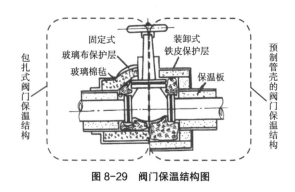

图 8-29　阀门保温结构图

7 保温层遮盖设备铭牌时，应将铭牌复制到保温层外。保温层端部应做封端处理。设备人孔、手孔等需要拆装的部位，保温层应做成45°坡面。

8.7.3 立式设备和垂直管道保温施工要点

1 应设置保温固定件或支撑件（图8-30）。

图8-30 垂直管道保温施工图

2 每隔3～5m应设保温层承重环或抱箍，宽度应为保温层厚度的2/3，并应对承重环或抱箍采取防腐措施。

8.7.4 硬质保温施工要点

1 当设计无要求时，两固定支架间的水平管道应至少预留1道伸缩缝。

2 对于立式设备及垂直管道，应在支承环下预留伸缩缝。

3 弯头两端的直管段上，宜各预留1道伸缩缝。两弯头之间的距离小于1m时，可仅预留1道伸缩缝。

4 管径大于$DN300$mm、介质温度大于120℃的管道，应在弯头中部预留1道伸缩缝。

5 伸缩缝的宽度：管道宜为20mm，设备宜为25mm。

伸缩缝材料应采用导热系数与保温材料相接近的软质保温材料，并应充填严实、捆扎牢固（图8-31）。

图 8-31　管道硬质保温图

8.7.5　地上管道保温

1 在需要拆装的部位，保温层应做成 45° 坡面。

2 保温结构应在法兰一侧留出螺栓长度加 25mm 的空隙。

3 纤维制品保温层应与被保温表面贴实，纵向接缝应位于下方 45° 位置，捆扎间距不应大于 200mm。

4 软质复合硅酸盐保温材料每层可涂抹 10mm，并应压实，待第一层达到一定强度后，再抹第二层并应压光（图 8-32）。

图 8-32　地上管道保温图

8.8　保护层

8.8.1　基本要求

1 保温层应保持干燥并经检查合格后，方可进行保护层施工。

2 保护层应牢固、严密。

8.8.2 复合材料保护层施工要点

1 玻璃纤维布应以螺纹状紧密缠绕在保温层外，前后搭接应大于 50mm，搭接处应做防水处理。布带两端及每隔 300mm 采用镀锌钢丝或钢带捆扎。

2 复合铝箔接缝处应采用压敏胶带粘贴、铆钉固定。

3 玻璃钢保护壳沿轴向应搭接 50 ~ 60mm，环向应搭接 40 ~ 50mm。

4 铝塑复合板正面应朝外，不得损伤其表面。轴向接缝应用保温钉固定，间距应为 60 ~ 80mm。环向搭接宽度应为 30 ~ 40mm，纵向搭接宽度不小于 10mm。

5 当垂直管道及设备的保护层采用复合铝箔、玻璃钢保护壳和铝塑复合板时，应由下向上，呈顺水接缝（图 8-33）。

图 8-33 管道复合材料保护层图

8.8.3 石棉水泥保护层施工要点

1 石棉水泥不得采用闪石棉等制品。

2 保护层施工前，应检查钢丝网有无松动，修复缺陷部位，应采用胶泥填充保温层的空隙。

3 保护层应分两层施工，首层应找平、挤压严实，第二层应在首层稍干后添加灰泥压实、压光。保护层厚度不应小于 15mm。

4 保护层未硬化前应防雨雪。应采取措施防止出现裂缝、脱壳、金属网外露等现象（图 8-34）。

图 8-34 管道石棉水泥保护
层图

8.8.4 金属保护层施工要点

1 当设计无要求时，金属保护层材料宜选用镀锌薄钢板或铝合金板。

2 应按管道坡向自下而上顺序安装，两板环向半圆凸缘应重叠，金属板接口应在管道下方，搭接处应采用铆钉固定，其间距不大于200mm。

3 金属保护层应预留受热膨胀量。当在结露或潮湿环境安装时，金属保护层应嵌填密封剂或接缝处包缠密封带（图 8-35）。

图 8-35 管道金属保护层图

4 金属保护层上不得踩踏或堆放物品。

8.9 管道压力试验

8.9.1 基本要求

1 应编制压力试验方案，并报有关单位审批。试验前应进行技术、安全交底。

2 压力试验前应划定试验区、设置安全标志，应有专人值守。站内、检查室和沟槽中应有稳定、可靠的排水系统。试验现场应进行清理，具备检查的条件。

图 8-36 管道压力试验图

3 安全阀爆破片与仪表组件等应拆除或已加盲板隔离。加盲板处应有明显标记，并应做记录。安全阀应处于全开状态，填料应密实。焊接质量外观和无损检验应合格（图 8-36）。

4 按照设计参数要求，压力试验应按强度试验、严密性试验的顺序进行，试验介质宜采用清洁水。

5 当设计无要求时，强度试验压力应为 1.5 倍设计压力，且不得小于 0.6MPa。严密性试验压力应为 1.25 倍设计压力，且不得小于 0.6MPa。当设备有特殊要求时，试验压力应按产品说明书或根据设备性质确定。

8.9.2 强度试验准备

1 强度试验应在试验段内的管道接口处采取防腐、保温措施，并在设备安装前进行（图 8-37）。

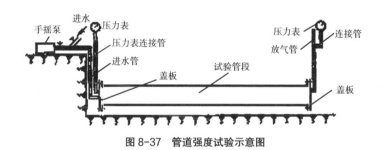

图 8-37 管道强度试验示意图

2 管道自由端临时加固装置应安装完成，并经设计核算与检查确认其安全可靠。试验管道与其他管线应隔开。

3 压力表应校验，精度不得小于 1.0 级，量程应为试验压力的 1.5～2 倍，数量不得少于 2 块，并应分别安装在试验泵出口和试验系统末端（图 8-38）。

图 8-38 压力表图

8.9.3   严密性试验准备

1 严密性试验应在试验范围内的管道工程全部安装完成后进行。压力试验长度宜为一个完整的设计施工段。

2 横向型、铰接型补偿器在严密性试验前不宜进行预变位。

3 管道支架已安装调整完毕，固定支架的混凝土已达到设计强度，回填土及填充物已满足设计要求。管道自由端临时加固装置已安装完成，并经设计核算与检查，确认其安全可靠。试验管道与无关系统应隔开。

4 试验用的压力表应校验，其精度不得小于 1.5 级，量程应为试验压力的 1.5 ~ 2 倍，数量不得少于 2 块，并应分别安装在试验泵出口和试验系统末端。

8.9.4   压力试验要点

1 试验温度不宜低于 5℃。温度较低时应有防冻措施。

2 当管道充水时应将管道及设备中的空气排尽。

3 当运行管道与试验管道的温度差大于 100℃时，应采取安全的措施。

4 高差较大时，试验介质的静压应计入试验压力中。管道试验压力应以最高点的压力为准，最低点的压力不大于管道及设备能承受的额定压力。

5 试验过程中如发现渗漏，不得带压处理。消除缺陷后，应重新进行试验。

6 试验结束后应及时排尽管内存水，拆除试验用临时加固装置。排水时不得形成负压，试验用水应排到指定地点，不得随意排放污染环境。

8.10   管道清洗

8.10.1   一般规定

1 供热管网的清洗应在试运行前进行。清洗前应编制冲洗方案，并报有关单位审批。

2 清洗方法应根据设计及供热管网的运行要求、介质类别确定。人工清洗管道的公称直径应大于等于 $DN800mm$，蒸汽管道应采用蒸汽吹洗。

8.10.2　准备工作

1 减压器、疏水器、流量计和流量孔板（或喷嘴）、滤网、调节阀芯、止回阀芯及温度计的插入管等应拆下并妥善存放，待清洗结束后方可复装。

2 不与管道同时清洗的设备及仪表应隔开或拆除。

3 支架承载力应确认能承受清洗时的冲击力。

4 水力冲洗进水管的截面积不得小于被冲洗管截面积的 50%，排水管截面积不得小于进水管的截面积。蒸汽吹洗口、冲洗箱应按设计要求加固。

5 设备和容器应有单独的排水口。清洗使用的其他装置已安装完成，并应经检查合格。

8.10.3　人工清洗要点

1 钢管安装前应人工清洗，管内不得有浮锈等杂物。

2 钢管安装后、设备安装前应进行人工清洗，管内不得有焊渣等杂物，并应验收合格。

3 人工清洗过程应采取保证安全的措施。

8.10.4　水力冲洗要点

1 冲洗前应先充满水并浸泡管道。

2 冲洗应按主干线、支干线、支线分别进行，二级管网应单独进行冲洗。

3 冲洗应连续，水流速不应小于 1m/s，水流方向应与设计介质流向一致。

4 冲洗水量不能满足设计要求时，宜采用密闭循环的水力冲洗方式，水流速应达到或接近管道设计流速。水质不合格时，应更换循环水继续冲洗。

5 水力冲洗应以排水水样中固形物的含量接近或等于冲洗用水中固形物的含量为合格。

6 清洗结束后，应按设计要求排放污水，不得污染环境及形成负压。清洗合格后应对排污管、除污器等装置进行人工清洗。

8.10.5　蒸汽吹洗要点

1 蒸汽吹洗时必须划定安全区，并设置标志。在整个吹洗作业过程中，应有专人值守。

2 吹洗前应缓慢升温暖管，及时疏水，并检查管道、补偿器及管路附件等工作情况，恒温 1h 后吹洗。

3 蒸汽压力和流量应按设计要求计算确定，吹洗压力不得大于管道工作压力的 75%，吹洗 2 ~ 3 次，间隔 20 ~ 30min。

4 吹洗应以出口蒸汽无污物为合格。

参考文献

[1] 《给水排水管道工程施工及验收规范》GB 50268—2008.

[2] 《给水排水构筑物工程施工及验收规范》GB 50141—2008.

[3] 《城镇供热管网工程施工及验收规范》CJJ 28—2014.

[4] 《给水排水工程顶管技术规程》CECS 246—2008.

[5] 《顶管施工技术及验收规范》中国非开挖技术协会行业标准.

[6] 《市政公用工程施工工艺标准》DBJ/T 61—123—2016.

[7] 《土压平衡和泥水平衡顶管工程施工技术规程》DB/T 29—93—2004.

[8] 马效民.给排水工程施工 [M].北京：中国铁道出版社，2016.